援瓦努阿图油棕种植技术

曾宪海 张希财 林位夫 主编

中国农业科学技术出版社

图书在版编目（CIP）数据

援瓦努阿图油棕种植技术 / 曾宪海，张希财，林位夫主编. —北京：中国农业科学技术出版社，2015. 12

ISBN 978 - 7 - 5116 - 2390 - 4

Ⅰ. ①援… Ⅱ. ①曾… ②张… ③林… Ⅲ. ① 油棕 — 种植 Ⅳ. ①S 565.9

中国版本图书馆 CIP 数据核字（2015）第 283515 号

责任编辑 张孝安
责任校对 贾海霞
出 版 者 中国农业科学技术出版社
北京市中关村南大街12号 邮编：100081
电　　话 （010）8210 9708（编辑室） （010）8210 9702（发行部）
（010）8210 9709（读者服务部）
传　　真 （010）8210 6650
网　　址 http://www.castp.cn
经 销 者 各地新华书店
印 刷 者 北京富泰印刷有限责任公司
开　　本 700 mm × 1 000 mm 1/16
印　　张 10. 5
字　　数 150千字
版　　次 2015年12月第1版 2016年1月第2次印刷
定　　价 50.00 元

《援瓦努阿图油棕种植技术》

编　委　会

顾　问：李建国　黄华孙

主　编：曾宪海　张希财　林位夫

副主编：潘登浪　邹积鑫　曹建华

编　者：李建国　黄华孙　曾宪海　张希财　林位夫　潘登浪　邹积鑫　曹建华　谢贵水　陈俊明　王　军　周立军　范高俊　谭海燕　方骥贤　安　锋　李炜芳　刘　钊　李　哲　吴志祥　李大平　曲　博　李　冉　郭双月　郭振海　王建坡　李建勋

参编单位及人员

中国热带农业科学院橡胶研究所

曾宪海　张希财　林位夫　潘登浪　邹积鑫　曹建华　谢贵水　陈俊明　王　军　周立军　黄华孙　范高俊　谭海燕　方骥贤　安　锋　李炜芳　刘　钊　李　哲　吴志祥

瓦努阿图棕榈油有限公司

李建国　李大平　曲　博　李　冉　郭双月　郭振海　王建坡　李建勋

前　言

油棕（*Elaeis guineensis* Jacquin）别称油椰子，是一种最具潜力的多年生热带木本油料作物，属种子植物门，被子植物亚门，单子叶植物纲，棕榈科，棕榈亚科，油棕属。油棕原产于热带非洲，喜高温、多雨、强光照和土壤肥沃的环境，以年均气温20～33℃、年降水量2 000～2 500mm，且降水均匀，无明显干湿季，月降水量不少于100mm，每天日照时间不少于5～7h，每天太阳辐射15～17MJ的地区最为适宜。油棕种植后2～3年开花结果，经济寿命25～30年，自然寿命可达100年，其果实属核果型，果肉和果仁含油率可达40%～60%，是生产毛棕榈油（CPO）和棕仁油（PKO）的主要部分，单位面积产油量（CPO）可达250kg/（667m^2·年），分别是大豆、油菜籽和花生单位面积产量的8倍、4倍和14倍，是世界上生产效率最高的油料作物，被誉为“世界油王”。目前，油棕被广泛引种栽培于南纬10°至北纬15°之间的亚非拉广大热带地区，收获面积1 550万hm^2，年总产量6 000万t，植物油贡献率达33.19%，是世界第一大油料作物，已成为印度尼西亚和马来西亚等国的农业支柱产业。油棕发挥着“食用油战略安全”和“石化能源有益补充”的双重作用。棕榈油被广泛用于餐饮业、食品制造业和油脂化工业等；油棕副产品如茎叶、核壳等可用于制作家具、工艺品、生物质燃料、造纸、肥料、动物饲料、活性碳等；棕榈油还可作为生物柴油的优质原料。

我国耕地资源有限，“粮油争地”问题突出，植物油生产长期不足，常年依赖大量进口。2013/2014年我国植物油总供应量（含油料折油）约为3 180万t，其中进口量占70.1%，自给率不足30%。在进口植物油中，棕榈油进口634万t，同比增长5.7%，占进口植物油的60%，占世界棕榈油总产量的11.4%，并以年均5.17%的消费速度增长。为降低对国际油脂市场的依赖，保障我国食用油等战略安全，缓解“粮油争地”矛盾，2009年和2010年中共中央“一号文件”均在第六条提出要积极发展木本油料作物。为落实中共中央“一号文件”精神，鉴于我国拥有油棕生产发展潜力，2010年10月，国务院办公厅下发《国务院办公厅关于促进我国热带作物产业发展的意见》（国办发〔2010〕45号），提出了我国油棕“十二五”发展目标；2014年12月，国务院办公厅下发《国务院办公厅关于加快木本油料产业发展的意见》（国办发〔2014〕68号），提出了我国木本油料产业“十三五”发展目标。2015年中共中央“一号文件”再次提出要启动实施油料等生产能力建设规划。在国家的支持下，我国油棕科技取得了较大进展，为我国及世界热区发展油棕生产打下了重要基础。

我国热区虽小，但世界热区却很大。据估计，世界热区宜棕地超过5 000万 hm^2，其毛棕榈油的潜在生产能力在2亿t以上，且这些地区大都属发展中国家，经济、科技发展水平落后，而我国热区宜棕地有限，但具有市场需求大以及人力和财力资源优势。因此，实施“走出去”发展战略、参与世界热带农业资源开发，对建立我国海外“地上油田”，实现食用油供给的多样化，提高食用油自给率等具有重要意义。

当前，在国家“一带一路”战略背景下，南太平洋岛国作为“21世纪海上丝绸之路”的南线国家，与我国热区有着地缘相似、气候相似的区位优势和资源优势，而这些国家如巴布亚新几内亚、瓦努阿图、所罗门等均有油棕分布，并有望成为当地的重要农业产业，由此，参与南太平洋岛国的热带农业资源开发，对促进我国热带现代农业对外交流合作，服务于国家建设“21世纪海上丝绸之路”发展战略以及提高当地人民生活水平等都具有重要的意义。

2007年3月至2009年2月，编者有幸与来自全国各地的农业专家一起赴瓦努阿图执行商务部援瓦努阿图棕榈种植技术合作项目，并参与了其中油棕育苗、定植等相关任务的实施和技术培训与指导等工作。两年来，项目组成员克服了瓦努阿图桑托岛天气炎热、蚊虫叮咬以及工作和生活中许多意想不到的困难，紧密结合当地农业生产实际条件，团结依靠当地华侨华人，发扬“不坐等，不怕苦”的精神，争分夺秒，攻坚克难，圆满完成了项目各项任务，为我国援外工作和对外经济合作增添了光彩。功夫不负苦心人，当时种植的油棕树如今已在当地挂果累累，我国首个援建的境外油棕种植生产项目取得了重要进展。作为项目的参与者和编者，出版此书的目的，一是回顾和总结两年来援瓦努阿图油棕种植生产实践经验以及项目组成员在瓦努阿图的工作生活情况，二是与仍在瓦努阿图艰苦创业的国人们共勉和分享，三是为未来到瓦努阿图或其他海外国家发展的同行提供有益的参考和借鉴。

由于受时间、精力和水平所限，差错和欠缺在所难免，恳请读者和同仁给予批评指正。

编　者

2015年10月26日

CONTENTS

目 录

第一章 引言

第一节 项目背景

瓦努阿图共和国（后简称瓦努阿图）是太平洋岛国论坛（Pacific Islands Forum）成员之一。太平洋岛国论坛于1971年8月正式成立，其前身为“南太平洋论坛”，现有16个成员，是南太平洋国家政府间加强区域合作、协调对外政策的区域合作组织，该论坛的宗旨是加强各成员间在经济发展、贸易、航空、海运、电讯、能源、旅游、教育等领域及其他共同关心问题上的协调与合作。近年来，论坛加强了在政治和安全等方面的对外政策协调与区域合作。从1989年起，论坛邀请中国、美国、英国、法国、日本和加拿大等国出席论坛领导人会议结束后的对话会议。中国自1990年起以非本地区成员国的身份参加南太论坛对话会议，加强了同论坛及其成员的合作关系。2002年9月11日，太平洋岛国论坛驻华贸易代表处在北京正式开馆。2009年6月，太平洋岛国议会代表团集体访华。2005年10月，中国政府代表、时任外交部副部长杨洁篪在第17届太平洋岛国论坛会后对话会上，正式倡议建立“中国—太平洋岛国经济发展合作论坛”，以促进中国与太平洋岛国在环保、旅游、立法、教育、农渔业和卫生领域的合作。2006年4月，时任中华人民共和国总理温家宝出席在斐济举行的“中国－太平洋岛国经济发展合作论坛”首届部长级会议，并发表主旨讲话，承诺在今后3年里我国将提供30亿元人民币的优惠贷款，以帮助该地区发展*。此外，在本次会议上，中国同 8 个太平洋岛国（库克群岛、斐济群岛共和国、密克罗尼西亚联邦、纽埃、巴布亚新几内亚独立国、萨摩亚独立国、汤加王国和瓦努阿图共和国）在

---

* 资料来源：http://www.mofcom.org.cn

"中国—太平洋岛国经济发展合作论坛"首届部长级会议上签署了经济发展合作行动纲领，与3个太平洋岛国（斐济群岛共和国、瓦努阿图共和国、巴布亚新几内亚独立国）签署了多项合作协议。本次会议还决定，论坛部长级会议通常每 4 年召开1次。"中国—太平洋岛国经济发展合作论坛"第二届部长级会议将在北京举行，主要任务是检查和评估首届部长级会议的成果。此后的会议将在"中国—太平洋岛国经济发展合作论坛"与会国中轮流举办*。因此，中国—太平洋岛国经济发展合作论坛为中瓦农业合作提供了良好的政治基础。

第二节　项目意义

油棕是热带木本油料作物，平均年产毛棕榈油3.7t/hm^2，是花生和大豆的6倍和10倍，被誉为"世界油王"，目前已被广泛引种栽培于南纬10°至北纬15°之间的亚非拉广大热带地区，并形成了一个巨大的产业，是世界第一大油料作物。棕榈油被广泛用于餐饮业、食品制造业和油脂化工业等，油棕副产品如茎叶、核壳等可用于制作家具、工艺品、生物质燃料、造纸、肥料、动物饲料、活性碳等。因此，油棕产业市场前景极为广阔。

随着世界人口和经济的增长，对食用油和化石能源的需求日益增大。而油棕是世界上生产效率最高的热带木本油料作物，其利用不到5%的种植面积，生产了世界超过30%的植物油产量，并可作为生物柴油的优质原料。此外，油棕在热区具有较强的生态适应性，病虫害少，管理粗放（人均扶管面积可达8 hm^2），产品加工技术成熟，单位生产成本低（约150美元/t），效益高（1 000美元/t），是适合在热区非耕地种植推广并长期维持稳定的产业，具备承载国家"食用油战略安全、化石能源有益补充"双重任务的巨大潜力，是最具竞争力的可再生战略资源。

鉴于油棕的高产和近乎全能的用途，油棕产业的发展将对全球能源和食用油安全具有极为重要的意义，已引起了世界许多国家的广泛关注。一些热带国家（或地区），如马来西亚、印度尼西亚、泰国、印度、尼日利亚等纷纷出台有关政策措施，加大科技投入力度，大力促进本国油棕产业的发展，而一些非热区国

---

* 资料来源：http://www.news.xinhuanet.com

家，如美国、德国、日本、韩国、法国等，也纷纷插手油棕产业，积极抢占热带资源和油棕科技与产业的制高点，有力地推动着全世界油棕产业的发展。

瓦努阿图位于南太平洋，地处东经165°~170°，南纬13°~21°，属典型的热带海洋性气候，年降水量北部为3 700 mm，南部为2 300 mm，雨量充沛，光照充足，从自然条件分析能够满足棕榈树生长的需要，特别是其北部的桑托岛及其他北部岛屿由于靠近赤道更适合油棕的生长。

目前，瓦努阿图国内农业主要为热带经济作物，如薯类、咖啡、可可、椰子种植与椰干加工、畜牧业和近海捕捞业等，没有油棕种植业。现有农业生产技术极为粗放，生产水平也比较低下。由于人口的增加，经济收入水平增长缓慢。因此，瓦努阿图政府急需要建立一项覆盖面大、效益稳定的农业产业以保障就业和增加农民收入。油棕种植业具有市场前景好、适合于大规模生产，且生产技术水平要求不高的一项农业产业，符合瓦努阿图自然、人文条件，同传统农业领域几乎没有直接冲突，是一经种植常年获益且回报丰厚的项目，可在短时间内在瓦努阿图国内形成规模种植，成为重要的新兴行业。

第三节 项目地点

项目建设地点位于瓦努阿图桑托岛（图 1－1），育苗地（南纬15°27′，东经167°09′，海拔30~114 m）位于当地华侨黄志诚牧场内，Sarakata River从附近经过，距离住宿地（桑马省林业局宿舍区，毗邻中国援建的瓦努阿图农学院，海拔79m）约10 km，距离卢甘维尔市区（海拔2m）约15 km。

图 1-1 项目建设示意图（瓦努阿图 桑托岛）

第四节　项目内容

一、中国援助方

（1）派遣技术人员赴瓦努阿图实施棕榈种植技术合作工作。

（2）中国援助方提供种子、育苗物资和相关设备。

（3）在瓦努阿图培育种植5 000 hm^2 棕榈所需的油棕种苗。

（4）就棕榈种植技术对瓦努阿图人员进行培训。

（5）提供育苗、定植、备耕等种植前后的相关技术指导。

二、瓦努阿图方

（1）负责向中国援助技术人员提供办公、住宿（包括必要的家具）和生产用房。

（2）提供育苗所需68 hm^2苗圃用地并将水电接至苗圃用地。

（3）提供技术培训场所，负责办理育苗物资和相关设备抵达瓦桑托的清关、提货和运输，并承担所需费用。

（4）提供瓦努阿图方参加油棕培训的种植户，种植面积不少于5 000 hm^2。

（5）确定瓦努阿图方参加培训的人员及提供交通、食宿费用等事宜。

第五节　项目纪事

（1）2005年9月，中国热带农业科学院橡胶研究所林位夫研究员、张希财助理研究员以及项目建设单位中国机械设备进出口公司一行4人赴瓦努阿图实地考察油棕种植生产可行性。

（2）2005年10月，中国热带农业科学院橡胶研究所将国内首批种子引种到瓦努阿图桑托岛，并派遣张希财助理研究员开展催芽和育苗工作。

（3）2006年4—11月，中国热带农业科学院橡胶研究所派遣曹建华副研究员接替张希财继续开展催芽和育苗工作，并在桑马省林业局职工住宅区与中方援建的瓦努阿图农学院之间的空地上建立了油棕试验苗圃，培育苗木约600株（图 1－2和图 1－3）。

图 1-2　前期培育的油棕苗木（叶片数10片）

图 1-3　前期油棕育苗圃（前方建筑为中方援建的农学院）

（4）2006年6月8日，商务部发布了《商务部对外援助项目招标委员会通告2006年第13号》，通告中“研究了援瓦努阿图棕榈种植技术合作项目的招标方式。招标委员会决定就该项目与中国机械设备进出口公司进行议标。有关发送议标文件等具体事宜另行通知”*。

（5）2006年8月30日，中国商务部发布了《商务部对外援助项目招标委员会通告2006年第22号》，通告中“审定了与中国机械进出口（集团）有限公司

* 资料来源：http://www.fdi.gov.cn

就援瓦努阿图棕榈种植技术合作项目的议标结果和合同价”（http://www.fdi.gov.cn）。

（6）2007年2月，援瓦努阿图棕榈种植技术合作项目专家组8人组建完成并赴瓦努阿图执行项目任务，其中，中国热带农业科学院橡胶研究所派遣了曾宪海助理研究员和张希财助理研究员两位专家。

（7）2009年2月，援瓦努阿图棕榈种植技术合作项目结束，项目专家组成员按期回国。

（8）2009年3月至今，瓦努阿图棕榈油有限公司开展项目商业化运营。

（9）2014年6月，根据与瓦努阿图棕榈油有限公司签订的技术服务协议，中国热带农业科学院橡胶研究所派遣张希财副研究员赴瓦努阿图开展油棕种植与推广技术服务工作。

（10）2014年11月，应瓦努阿图棕榈油有限公司邀请，中国热带农业科学院橡胶研究所油棕专家一行5人赴瓦努阿图开展油棕引种试种情况实地考察。

（11）迄今，中国热带农业科学院橡胶研究所张希财副研究员仍在瓦努阿图开展油棕种植与推广技术服务。

第二章 瓦努阿图农业发展现状

第一节 地理地貌

瓦努阿图地处南纬13°~21°，东经165°~170°，是西南太平洋地区的一个群岛国家（图 2－1），国土面积12 190 km^2，海洋面积70万km^2。由83个岛屿组成，呈由北向南链状排列，65个岛屿有人居住，而其中8个最大的岛屿占据了土地面积的87%，所有的岛屿都是由珊瑚礁、丘陵、火山等组成的海岛地貌，海拔最高峰为1 800 m。油棕项目建设地位于北部的埃斯皮里图桑托岛（Espiritu Santo，以下简称为桑托岛），它是瓦努阿图最大的岛屿，面积约4 000 km^2，是瓦努阿图最大的岛屿，属由高山、台地、沿海平原组成的海岛地貌（图 2－2）。

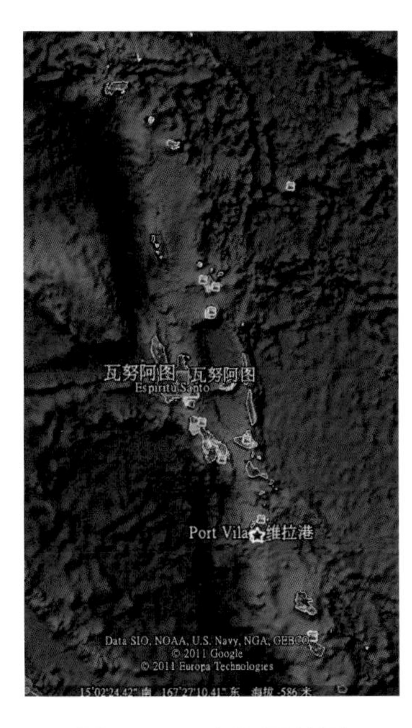

图 2－1 瓦努阿图 地图

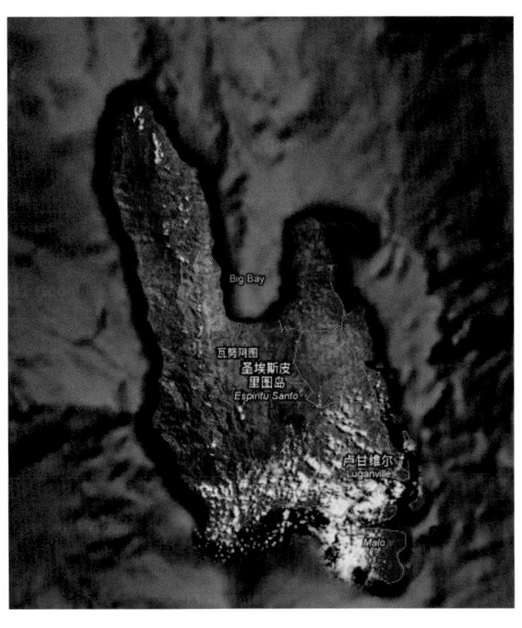

图 2－2 瓦努阿图 桑托岛地图

第二节　自然条件

一、气候特征

瓦努阿图气候属于典型的热带海洋性气候，全年气温比较均一，高湿，雨量多变，除热带风暴外，平常风速总体比较小（2 m / s）。干湿季比较明显，大致可分为低温干燥的冬季（5—10月）和高温高湿的夏季（11月至次年4月两个季节。

（一）气温

瓦努阿图作为近赤道国家，全年气温比较均一，最高温和最低温分别出现在2月和 8月。在沿海地区，日均温为26℃，平均最高和最低温分别为30℃、24℃，极端最低温可达13℃。

（二）雨量分布

瓦努阿图降雨量最多和最少的月份分别集中在3月和 8月，而地形雨量和下午阵雨是其普遍天气特征。通常情况下，夏季的雨量分布要高于冬季。此外，东南季风和当地的地形条件也对降雨量的分布和雨量分配模式起着很大作用，在夏季，较大岛屿的迎风面（东南部）降雨特别多，而在冬季，背风面（西北部）的降雨比较少。较小岛屿的降雨量因其所处地理位置和面积大小而异；在La Nian年份（夏季），降雨量比较多。

（三）风

占支配地位的是从东至东南方向的信风，约2.5 m / s。在夏季，季风风速较小且多变，但热带飓风和低气压也很频繁，并有可能造成灾难性天气；在冬季，东南季风持续时间长且较大，风速可达5 m / s，且以海洋性季风比较普遍和强烈，风速可达12.5 m / s。

（四）热带飓风

每年夏季，是飓风季节，西南太平洋群岛是飓风路径，风速达17m/s以上。瓦努阿图每年都有2 ~ 3次飓风，最频繁的是1~2月。据统计，瓦努阿图及其领海通常平均每10年有20 ~ 30次飓风，其中的3 ~ 5次造成比较严重的破坏。飓风经常飘忽不定，很难预测，但通常作抛物线向南方运动至南纬21° ~ 25°的东部，由于瓦努阿图从北向南排列的地理特点，因此，每次飓风的到来都会受到不同程度的影响。

（五）旱涝灾害

在瓦努阿图出现的旱害与厄尔尼诺现象有关，在此期间，降雨量低于年平均水平，影响较为严重的年份是1982年、1983年、1990年、1995年、1997年和1998年，其中，最为严重的是1993年。在飓风期间，靠近河流的低洼平原地往往会存在洪水泛滥的情况，甚至严重影响作物生产。

（六）桑托岛气候条件

为热带雨林地区，地处季风气候带，热量充足、雨量丰富，年降水量为2325.7 mm，且雨量月分布比较均匀，岛上河溪长年有水。根据瓦努阿图国家统计局和气象局的统计数据，桑托岛多年平均气温、降水量、日照、风速等气象资料如表2－1、表2－2和表2－3所示。

表 2-1　桑托岛月均气温（℃）

月份	1	2	3	4	5	6	7	8	9	10	11	12
最低平均气温	22.8	22.9	22.9	22.9	22.4	21.6	21.4	20.9	21.0	21.6	22.4	22.3
最高平均气温	30.3	30.3	30.2	29.5	28.5	27.8	27.3	27.2	27.9	28.5	29.4	30.0

表 2-2　桑托岛月均降水量（mm）

月份	1	2	3	4	5	6	7	8	9	10	11	12	合计
平均	286.5	305.5	265.1	260.7	173.2	187.4	108.0	92.8	97.3	153.4	191.4	204.4	2325.7
2004年	113.1	306.8	168.6	112.8	48.7	100.9	149.6	159.6	88.1	131.7	20.3	103.8	1504.0

表 2-3　桑托岛月均日照时数/h及平均风速（m/s）

月份	1	2	3	4	5	6	7	8	9	10	11	12
日照时数	187	163	173	163	152	138	133	165	163	171	186	205
平均风速	2.1	1.9	1.9	2.1	2.5	2.5	2.7	2.9	2.9	2.7	2.5	2.2

二、土壤环境

瓦努阿图地处西南太平洋的地壳活跃带上，诸岛由海底火山爆发形成，多高地、丘陵，沿海有沿岸平地和珊瑚礁。时至今日，瓦努阿图在陆地上仍有7座活跃的火山，这些火山的活动对所在岛屿的土壤、气候产生很大的影响。各岛屿的土层厚度随着海拔高度的增加而加厚。顾闽峰等（2008）在距离海岸线10 km的桑托岛Tagebe试验示范基地随机取土样进行土壤分析表明，土壤为火山灰发育而成，15 cm土层主要为棕色细黏土，并有少量沙石颗粒，15 ~ 40 cm则为棕灰色黏土与沙石的混合。0 ~ 10 cm土壤有机质、全氮、速效磷、速效钾含量分别为1.98%、0.754 g / kg、8.7 mg / kg和151 mg / kg；10 ~ 30 cm土壤有机质、全氮、速效磷、速效钾含量分别为0.48%、0.046 g / kg、5.6 mg / kg、188 mg / kg。结果表明，瓦努阿图土壤肥沃，并富含P、K，适合多种作物生长，尤其适合根茎类作物的生长。

另据桑马省国土部门介绍，桑托岛的土壤母质分两类，一类是火山岩；另一类是珊瑚石。油棕项目建设地区均分布在珊瑚石母质上。2005年9月考察时，在项目建设地区的IFB（土地大部分是荒地）西部的土地挖了两个土穴，在华侨黄志诚农场观察了一个修路取土口（图 2 - 3和图 2 - 4）。从这些调查结果看，拟建设地区的土层厚度不匀，一般平缓地区的土层较厚，厚度在1 m以上，在山顶和其他一些地方土层较薄，5 ~ 70 cm不等。土壤类型为（铁质）砖红壤，土壤褐

图 2-3　桑托岛土层剖面情况

图 2-4　桑托岛土层剖面情况

红色，黏重。在次生地和荒地，表土层松软，十分肥沃。在放牧多年的牧场和熟耕地，表土层仍然比较松软且比较肥沃，由于土壤质地比较黏重，旱季的土壤出现板结现象。土壤母质（珊瑚石）有大量空隙，比较松散，水肥保持能力较差。据称，地下水位较高，水源丰富，水质清澈，估计地下水的pH值偏高。

三、植被

瓦努阿图具有优越的自然条件，有茂密的热带雨林（Santo, Malekula and Efate岛）和杂草覆盖的高原（Tanna岛），有绿色肥沃的滨海平原。在瓦努阿图1.2万km^2的土地中，41%为肥沃的可耕地，已开发耕地仅占20%。全国自然植被覆盖率达75%，包括草地、次生林和雨林，木材总蓄积量200万m^3。下面介绍桑托岛上几个地点的植被情况。

（一）IFB

土地大部分为荒地和次生林。山区部分为次生林地，平缓地部分为荒地，即多年前森林砍伐后的迹地或被拓为牧场后又被搁荒的土地。次生林地上的植物一般是杂木林、藤本和芒箕等杂草，有价值的树木不多。荒地的主要植被是大片草地上零散分布一些孤立木如木棉、厚皮树等，孤立木通常缠绕大量的阔叶藤本植物。IFB有部分土地租借给私人作牧场，牧场地上的植被通常是大片草地上零星分布一些孤立木，如鸭拓木、黄槿、木棉、厚皮树、印度紫檀、白木等。此外，IFB还有250 hm^2新造林地，主要树木品种有柚木、轻木和当地一些速生木材品种，林相良好。

（二）IRCC

大部分土地已开发利用。主要种植椰子、可可、咖啡等热带作物的种植园和一般牧场。种植园有比较良好的木麻黄等防护林网格围绕。

（三）WCC牧场（华侨黄志诚牧场）

主要有椰子园牧场和一般牧场。其内有香草兰试验园面积约1 hm^2。椰子园（牧场）多数达25龄以上，处于老龄椰园，椰子树高达30～40 m，树冠小，但结果累累，只是椰果个头较小。椰子树下是人工草场和自然草场。园中椰子树存树率高，很少缺株，但在一些种植园的椰子的下部叶片存在大量枯褐病斑。椰子园内一般放养牛马。公路沿途两侧的牧场内或公路这边均零星分布的孤立木，其中有一些生长快木质疏松的品种如鸭拓木（刺泡桐）、面包树和木棉树等。这些孤立木十分高大，风害迹象很少见。

（四）油棕生长情况

在桑托岛市区看到4株油棕，其中，市区附近的学校内有2株，在省政府附近和岛南部各1株。这些油棕树高约15 m或以上，生长正常，并能正常开花、结果，如图 2－5、图 2－6和图 2－7所示。

四、自然灾害

桑托岛地处地震带，地震发生频率较大，一般每年发生震级为5～6级的地震多次，并曾经发生震级达7.6级的地震。太平洋海啸预警中心通常会根据震源深度决定是否向南太平洋岛国发出海啸警报。由于当地住房高度较矮（2～3层）且比较牢固或者是木房、草房，地震所致的破坏很小。但因地震而发出海啸预警时，住在海边的人们通常往地势较高的岛上撤离，以免造成人员和财产损失。桑托岛平常风较大，常风一般为东南风。桑托岛附近是热带气旋发生地，通常形成后向南部移动，对本岛影响小。

五、水力资源

瓦努阿图属于典型的热带海洋性气候，雨量充沛，年平均降雨量南部为2 300 mm，北部为3 700 mm。由于每年的降雨量都比较大，因此，瓦努阿图的水资源比较丰富，但可利用率低。虽然地下水位高，但接近海平面，在许多地区，人们通常通过屋顶安装的集雨槽或打几十米深的水井来供应日常的生活用水。虽然各岛屿河流纵横，但由于石灰岩地质构造，河谷一般切割很深，加上经济落后，农业用水很困难，因此，在农业生产中往往需要根据天气情况来安排生产，以有效利用雨水灌溉。

六、土地资源

瓦努阿图具有优越的自然条件，有茂密的热带雨林（Santo、Malekula 和 Efate岛）和杂草覆盖的高原（Tanna岛），有绿色肥沃的滨海平原。在瓦努阿图1.2万km^2的土地中，41％为肥沃的可耕地，已开发耕地仅占20％。全国自然植被覆盖率达75%，包括草地、次生林和雨林，木材总蓄积量200万m^3。瓦努阿图自

图 2-5 桑托岛油棕（省政府大院）

图 2-6 桑托岛油棕（市区小学校园内）

图 2-7 桑托岛油棕结果情况（WCC牧场内）

1981年独立以后，土地私有化程度很高，政府仅拥有少量的土地，在遇到土地纠纷时，往往通过法律途径解决，当法律与部落文化相抵触时，政府却很难从中进行调解。在瓦努阿图，约88%的土地属于农户家庭所有，7%的土地属于部落所有，1%的土地为租用土地，仅有13%的土地可自由利用。

第三节 农业生产基础

瓦努阿图农业生产主要是以中小农户为主体的农业生产，并且基本上是刀耕火种，靠天吃饭，生产水平低下，粗放。据统计，截至2007年，瓦努阿图农村地区共有33 879家农户，其中，99%的农户拥有小块土地，用于种植椰子和卡瓦及其他粮食作物，将近96%的农户土地小于1 km^2，3%的农户为1～3 km^2，只有1%的农户大于4 km^2。

在农户家庭中，79.4%的农村家庭成员的年龄小于40岁，93%的农户家庭由男性作主。符合工作年龄（15～64岁）并从事农业活动的劳动力占总人口的50.2%，88.4%的女性家庭成员和86.8%的男性家庭成员每周工作时间约40h，只有有9%的家庭成员每周工作时间超过40h。农民文化教育水平比较低，只有47.9%的农村家庭成员接受过基本教育，而且女性的文盲率高于男性。劳动力受到当地劳动法的严格保护，当地法律规定最低工资标准为每人每月230美元，折合人民币1 500元。无论是私营企业还是国营单位，雇用劳动力超过3个月后，劳资双方必须签订正式的用工合同，并享受与政府公务员同样的待遇，若雇主解聘劳动力还必须根据其工作年限赔偿其每年至少3个月的工资水平的赔偿金。

由于土地私有化程度高，而农民经济来源和政府财力有限，农业生产基本设施如水利、道路、电力等无法进行配套建设，农业科研和推广等支撑服务体系也无法健全和完善。在瓦努阿图，农药、化肥、农机、燃油等农业投入产品完全依赖进口，农业生产率很低。政府在发展农业上面临重重困难，新政策、新技术很难在普通大众中推广，效率不高，要成分利用当地的优越的自然资源发展农业，必须依靠外来的技术、资金与人员。

在当地，人少地多，水热条件好，野生薯类、芭蕉等食物资源十分丰富，农村没有食品不足问题。椰子种植业和畜牧业是当地最重要的产业。椰子种植业包括种植、椰干（和椰油）加工以及产品出口（其出口权等归大宗农产品局管理）。畜牧业以养牛为主，除满足当地市场外，相当部分产品出口。所有这些产业的生产手段比较原始，生产水平低下，但这些都被澳大利亚等列为有机食品进口。旅游业是当地另一主要产业。

第四节 农业生产条件

一、供电

仅卢甘维尔市市区有电力设施，为柴油发电，法国公司经营，电费昂贵（2元/KW·h），市区以外的要用电只能依靠自己的柴油机发电。

二、供水

虽然瓦努阿图的年降雨量比较大（2 300～3 700 mm），水资源比较丰富，但其可利用率低。虽然地下水位高，但接近海平面，在许多地区，人们通常通过屋顶安装的集雨槽、集雨罐或打几十米深的水井来供应日常的生活用水。虽然各岛屿河流纵横，但由于石灰岩地质构造，河谷一般切割很深，加上经济落后，农业用水很困难，因此，在农业生产中往往需要根据天气情况来安排生产，以有效利用雨水灌溉。

三、交通

1. 陆运

桑托岛有环岛普通公路，除市区有沥青路面外，其他公路路面基本上是沙石或土石路面，一些路段坡度较大，不通大型货车；桥梁建于第二次世界大战前，日本人修筑钢桥，桥面只能单行。当地交通工具通常为出租车或农用皮卡车，没有公交车，由此，费用昂贵，当地农民生产的农副产品要销售到市区，通常合伙租一辆赁皮卡车或的士拉到市区内的菜市场进行销售，直到全部销售完后才回来，有时需要在市场过夜。

2. 空运

各主要岛屿都有机场。维拉港有国际机场，可直飞澳大利亚、新西兰、斐济、所罗门群岛和新喀里多尼亚。瓦努阿图航空公司是瓦努阿图唯一经营国际航线的公司。国内有近10条航线。桑托岛上有两个小机场，最大的为卢甘维尔市区的Pekoa国际机场，可通行波音737等大型客机。

3. 水运

水路总长780 km。岛间运输船舶的最大吨位为200多t，现有船舶破旧落后。卢甘维尔港是桑托岛最大的港口，为国际海港，可停靠万吨商船，港口条件良好，是瓦努阿图北部最为重要的港口，但其国际码头因建设年代久远、受自然灾害影响，亟需升级改造。2015年2月，中国开始对码头进行援建，改扩建后，将可同时靠泊两艘1万t级杂货船或1艘10万t级大型邮轮，可以为瓦努阿图国际和岛际间航运业和旅游业提供更安全、更高效、更便利的服务。目前，中瓦海运航线有天津或上海—釜山—维拉港，广州—香港—悉尼—维拉港。另外，在桑托岛东南角有一废弃的渔业码头，该码头原为日本人建造，后租给中国台湾人使用，现废弃，该码头水深约10 m。中国华为公司是瓦努阿图政府电子政务的重要合作伙伴。

四、通信

市区有固定电话、移动电话和网络设施和服务，但费用都很贵，且网速慢，当地的移动通信有Digicel和TVL，手机卡都是GSM卡。2008年底，中国中兴通信与巴拿马移动运营商Digicel合作推出的太阳能评价手机，使手机费用大幅度下降、携带和充电更便捷，解决了电力供应不足或用电受限等问题，手机在当地迅速普及，据了解，目前瓦努阿图跟国内一样，所有手机都可以用。中国移动和中国电信都支持漫游。

五、医疗卫生

市区内有医院（中国医疗队长驻该岛）。市区和农村的卫生状况比较好。

六、文化与宗教

当地通用语言为比斯拉马语（土英语），相当部分人能讲比较标准的英语。市区内有学校，但除少量人有受过一定的教育甚至到国外进修学习外，多数土著人受教育很少，但市区内和较大的乡村均有教堂，信奉基督教，绝大多数为人善良。偏远山区的人不穿衣服，桑托市区的华侨常穿背心短裤。

七、油棕产业政策及相关社会经济条件

油棕种植业是一新产业，目前尚无相关的产业政策。但椰子产业有一套传统产业政策。椰子油出口归瓦努阿图大宗农产品管理局专营。瓦努阿图是农业国，当地工农业生产水平较低。在瓦努阿图目前没有与油棕产业有关企业如肥料厂、农药厂、电厂、棕榈油精炼厂和其他服务行业，也没有油棕产业技术工人。种植方面的工人可来源于椰子种植业等，但压榨厂的工人主要依靠培训合格的当

地人。

八、其他应考虑的因素

酋长在当地有很大的权力，妇女协会是另一个重要的民间组织。因此，项目实施应充分考虑酋长和妇女协会地位和作用。

第五节 农业生产的历史与现状

考古证据表明，4 000多年前开始有人来到瓦努阿图，这些人是熟练的园艺工作者，他们在整个农业生产中往往采用典型的园艺耕作制度，即在传统的复合粮食作物园中常间种一系列根茎类作物，并根据他们的名望等级分配不同的作物。早期移民带来的作物包括山药、芋头、香蕉、大叶菜（island cabbage）、面包果树、naviso 和多种可食用作物，欧洲移民则引进了牛马和许多的其他新作物如咖啡、香草兰、胡椒等。

目前，瓦努阿图主要农作物有：椰子、卡瓦、可可、咖啡、胡椒、香草兰等热带经济作物以及山药、香蕉、木薯、芋头、花生、大叶菜、玉米、菠萝、洋葱、甘蔗、木瓜等，长期作物主要有面包果树、栗子、芒果等。而椰子、卡瓦和可可仍然瓦努阿图最重要的经济作物。随着人口的增加，经济收入水平增长缓慢，瓦努阿图政府急需要建立一项覆盖面大、效益稳定的农业产业以保障就业和增加农民收入。在最近几十年里，瓦努阿图政府一直试图促进农村经济的多样化，摆脱对椰子种植业的依赖，如发展可可和咖啡种植业，但都不很成功。

一、椰子

椰子树的种植历史很长，随着移民的到来和居住，椰子树在诸岛屿中普遍得到推广。1921年，当时的殖民局在年度报告首次估计椰树的种植面积为23 118 hm^2。1927年生产椰干2 500 t，其中，1/4用于出口。1969年，航空摄影第1次应用于评估椰树的种植面积，总面积达6.05万hm^2，其中，4万hm^2为小种植园。2007年，椰林面积达39 618 hm^2，其中，小于1 hm^2的有11 847 hm^2，1~2 hm^2的有20 953 hm^2；结果树874万株，其中，20年以上的占678万株（占77.6%），产量21 398 t。椰子产品主要用于家庭食用、动物食用和加工成椰干。目前，瓦努阿图椰子的种植面积和产量在大洋洲各国仅次于巴布亚新几内亚，居第2位，产品大部分用于出口。

二、卡瓦

卡瓦在瓦努阿图和其他太平洋国家如萨摩亚、汤加、斐济、密克罗尼西亚普遍栽培。卡瓦在瓦努阿图有25种名称，而斐济只有5种，因此推断，卡瓦在该国的栽培历史要长于其他太平洋国家。1984年，卡瓦种植面积达3 000 hm^2（300万株），2007年达1 802万株，其中，1～4年的为1 539万株；5～9年的225万株；大于10年的为38万株。

三、可可

1881年，可可从斯里兰卡第1次引进到瓦努阿图；1910年扩种到302 hm^2，出口2 t；1921年，种植面积达到2 700 hm^2，出口1000 t；1983年，合资成立了包括瓦努阿图政府、地主和共和国发展公司在内的Metenesel Estate Limited 来发展可可产业，政府也Veleterur 研究中心获得了很大的资源，并成立了专门的农业部门来指导可可发展。截至2007年，共有11 273个可可园，约304万株，其中，5～29年的可可园为8 292个，约220万株，年产可可豆1 200 t左右，其中，接近2/3的产量来自Malampa省。

四、咖啡

1852年，小粒种咖啡首次由James Paddon上尉引进到瓦努阿图的Tanna岛，1890年仅有几个种植园；1910年咖啡得到了较大的发展，种植面积达2 000 hm^2；1920年，一场严重的病虫害几乎毁掉了种植园，但人们种植咖啡的热情没有减退，并在1982—1986年的首份国家发展计划中提出建立400 hm^2咖啡园的建议，并于1983年成立由政府、地主和投资者组成的咖啡发展公司。截至2007年，几乎所有的咖啡均种植在Tanna岛，约有1 500个咖啡园（58.4万株咖啡树），年产60 t，其中，15 t是干咖啡。

五、胡椒

瓦努阿图1960年从斐济引进了150个胡椒枝条并种植在几个农业站，但直到1982年人们才开始对胡椒产生兴趣，且生产率一直很低。2007年共有592个胡椒园（42 430株），其中，小于4年的占89.3%，产量为2 t，仅能满足国内市场需求的1/4。

六、香草兰

香草兰在瓦努阿图有140年的种植历史，但直到现在，它仍然没有发展成为一种种植园作物，主要是因为在其开花季节需要每天进行授粉，因此，很难在小农户或农村得到推广。1983年开始第1次商业种植，面积只有25 hm^2。截至2007年，总共有10 393个种植园（81万株），其中，0～4年的占82%。

第六节 农业产品加工与进出口

农产品加工极不发达，基本上是以原料或初加工形态消费为主，如干椰肉、椰油、牛肉、卡瓦、锯木等，此外，由于农业生产技术水平低，农产品结构单一，很多农产品依赖进口，而进口产品价格昂贵。据统计，2000年瓦努阿图进口大米5 000 t左右，当地市场零售价约14元（人民币）/kg；此外，除了当地农民自身生产少量的蔬菜外（如小白菜、包菜和当地的大叶菜以及少量的番茄、茄子等），绝大部分蔬菜依靠进口，而蔬菜进口税为48%，因此，当地市场销售的蔬菜价格昂贵，为中国的5～10倍，甚至更高。

2002年，瓦努阿图进口的主要产品总值为120万美元，以后逐年增加至2008年的285万美金，其中，进口的农业和活禽产品也从2002年的22万美元（占进口总值的18.1%）逐年增至2008年的44万美元（占进口总值的15.4%）。虽然农产品的进口总值所占的比例有所下降，但农产品的进口值仍然逐渐增加。

瓦努阿图主要出口创汇产品以农业产品为主，农产品收入完全依赖国际市场。2008年农产品出口值占出口总值的85%，出口产品以椰干及其加工产品、卡瓦、可可为主，总值为253 400万瓦图*，折合2 500万美元，占产品出口总值的比重达71%，并主要出口到欧盟、美拉尼西亚群岛国家、新喀里多尼亚、日本、新西兰和澳大利亚等。

---

* 1美元=101.33瓦图

第七节　农业生产在国民经济中的作用

2003—2006年，瓦努阿图经济持续较快发展，国民生产总值实际增长率从2003年的3.2%增至2006年的7.2%，2007年GDP有所下降，仅为6.8%。旅游是瓦努阿图的经济支柱，占国民生产总值的20%左右，而农业（传统农业、林业、畜牧业和渔业）对国民生产总值的贡献率依然很小。据统计（2007年），虽然瓦努阿图的农业人口占总人口的79%，但农业生产总值在整个国民生产总值中的比例仅为14.4%，达748 000万瓦图。受传统部落文化影响，许多农村地区还停留在刀耕火种的原始状态，传统农业占农业国民生产总值的比重很高，达64.2%，约为国民生产总值的9.24%，而出口农业占国民生产总值的比重较小，仅为4.34%。可见，传统农业在农业中的比重较大。

虽然农业对瓦努阿图国民生产总值的贡献依然很小，但农业对这个国家的重要性要超过其他太平洋岛国，因为瓦努阿图有79%的人生活在农村，并且粮食作物品种和结构单一，与其他南太平洋国家相比，没有丰富的矿产、林业、海洋资源和制造业基地，是典型的以温饱型农业为主体的农村经济。

第三章 中瓦农业合作模式与前景分析

第一节　合作模式

一、政府援助

目前，中瓦农业合作模式主要以政府援助项目形式。2003—2005年中国援建的瓦努阿图农学院，规模宏大，设备先进，包括有教学楼、学生和教师宿舍、餐厅以及完善的配套设施等，为培育当地高素质农业技术人员提供了便利条件。2004—2006年，中国援助瓦努阿图的水稻蔬菜种植技术项目，在农业技术示范和培训工作上也取得了令人满意的效果，并成功培育出适合当地种植的SB2和CDR3两个旱季稻品种，当地农民已经开始推广种植，产量可达每公顷6～9 t。此外，中国援建的水产品加工以及棕榈树种植技术合作项目也顺利完成。

此外，通过政府援助项目带动后续项目（产业）的推动和发展。在执行援助项目期间，可通过对当地的市场、政策、劳动力状况以及人文和生产自然条件等的全面和深入调查，作为企业来瓦努阿图投资的前期调查，明确企业的发展方向、规模，以减少投资风险。

二、企业或私人直接投资

瓦努阿图的自然生产条件和市场规模决定了企业或私人的投资风险。瓦努阿图是个群岛国家，航运能力比较落后，各个岛屿之间处于分割状态，并且现有的农业生产也极为粗放，加上人口较少、市场容量小等因素，发展中小规模的农业生产和加工企业是比较符合实际条件的。在满足岛内市场需求的基础上，可适当扩大生产规模和发展出口产品。

三、成立合资、合作公司

可以成立包括瓦努阿图政府、地主和投资方在内的合资或合作公司，以利用当地的资金、土地、市场和政策等优势；也可以与国外的公司进行联合，以解决资金和产品销售问题，从而缩短企业发展周期。根据现有的经验和教训，为了避免出现合作或合资方的信用、资金和法律纠纷问题，最好的合作方式是由投资方购买或租用地主的土地，政府向企业提供优惠贷款、税收、政策和国内市场，同时在合资或合作公司中，中方至少拥有51%的股份，以达到控股目的。无论采取何种方式，都要控制投资风险，灵活把握投资方向，降低成本，抵御农业企业投资回收期较长及市场容量小所带来的冲击，并逐步发展海外市场。

第二节　合作前景

瓦努阿图实行议会民主制，社会稳定，治安和经济秩序良好。瓦努阿图具有稳定的公务员队伍，能够保持政策的连续性和稳定性；瓦努阿图经济中的外资程度很高，几乎所有私人企业都有外资成分，同时，政府欢迎私人企业投资经济各个领域（少数涉及公众卫生和安全的行业除外），其中旅游业、农业和服务业列为重点优先发展行业，制订了减免关税等优惠政策。瓦努阿图税收基础很窄，没有所得税、营业税、资本税、房地产税、继承税、礼品税和预扣赋税，是南太平洋的“免税天堂”；只有贸易税、增值税和商业执照费等。为鼓励外商企业在瓦投资，政府提供了一系列优惠政策 如减免贸易税，具体包括：用于生产或加工的进口产品，用于农业、园艺、畜牧或森林项目的进口产品，用于岛屿间航运的进口产品，用于旅游发展项目的进口产品，用于矿产勘探和开采项目的进口产品、渔业设备。贸易税减免需每年申请，可以延期。用于生产、加工、矿产勘探和开采项目的进口原材料及资本货物可申请免除贸易税，对于其他项目的进口产品一般可减免不低于5%的贸易税、1997年中瓦两国政府签订了中瓦贸易协定，双方享受最惠国待遇，鼓励两国的公司和企业开展多种形式的经济、贸易合作（包括成套设备与劳务输出），并为此创造便利的条件。1998年，瓦努阿图政府出台《外资法》，成立了“瓦努阿图投资促进委员会”（VIPA），负责外资政策的制定和执行。2006年4月，时任中华人民共和国总理温家宝出席了在斐济苏瓦召开的南太经济合作论坛，并承诺在今后3年里向该地区提供30亿元人民币的优惠贷款，以帮助该地区发展。因此，中瓦农业合作具有良好的条件和发展前景。

第四章 援瓦努阿图油棕种植技术

第一节 种子催芽技术

一、室外催芽技术

（一）催芽基质及设施制备

因来瓦油棕大部分为未发芽的种子，而当地又无法提供相关室内催芽设施，所以采用传统的室外催芽方法似乎是唯一的选择，为了在油棕种子来瓦前准备好催芽设施如河沙、催芽床、遮阳棚、土地平整、灌溉等，如何获得河沙、制作催芽床和搭建遮阳棚的材料等是项目组面临的紧迫问题。桑托岛上虽然有河流，但河床低，含沙量少且河边均为茂密的热带雨林，要获得河沙就得亲自伐木、修路后才能到达河边，而且还要获得国家地质矿产部门和国家林业局的许可才能砍伐木材和挖取河沙，可见，为了获取河沙不但工程量非常大而且手续繁多，这也许是为什么当地建楼房几乎都用海滩沙的原因。催芽床和遮阳棚也只能就地取材，将砍伐的树木切成板材拼接成沙床，从树林中砍伐小树作为遮阳棚支柱，利用育苗地高地上的铁罐（6 m^3）作为水池，通过抽取育苗地中小河沟里的水储存到育苗地高地上的铁罐中，然后利用地形高差通过连接到铁罐上的水管送水作为育苗圃灌溉设施。经过近1个月（7月）的艰苦努力，催芽所需要的材料、用地和灌溉等育苗条件基本具备了。

催芽床建设包括选地、平地、立桩、固桩，拉沙、筛沙、填沙、洗沙，备木板，做催芽床（长5.0m，宽1.25 m，高12 cm，厚2.5 cm），拉遮阳网，如图4－1、图4－2、图4－3、图4－4、图4－5、图4－6、图4－7、图4－8、图4－9、图4－10、图4－11、图4－12、图4－13、图4－14、图4－15、图4－16、图4－17、图4－18、图4－19、图4－20、图4－21、图4－22、图4－23、图

4 - 24、图 4 - 25、图 4 - 26、图 4 - 27和图 4 - 28所示。由于时间不允许，播种前没有对砂进行消毒和晾晒处理，在筛沙后即填床并用水进行了简单的淋洗。

图 4 - 1　育苗地附近的Sarakata河

图 4 - 2　河床上的河沙

图 4 - 3　河流拐角处的一块河滩上的河沙

图 4 - 4　河沙含泥量很大

图 4 - 5　通过从河边将沙推至河床上整出一块机械可以落脚的地方

图 4 - 6　将河沙装载到卡车上运至育苗地

图 4 - 7 从河边拉到育苗地的河沙

图 4 - 8 有沙了高兴地笑了

图 4 - 9 制作筛沙网

图 4 - 10 项目组成员亲自筛沙

图 4 - 11 聘请当地人筛沙

图 4 - 12 从树林种砍取树枝作为遮阳棚支柱

图 4 - 13　从树林中砍取树枝作为遮阳棚支柱

图 4 - 14　利用当地树木锯成的板材

图 4 - 15　利用板材制作沙床

图 4 - 16　制作好的沙床

图 4 - 17　位于小苗育苗圃前面的低洼处

图 4 - 18　小苗育苗圃平整前

图 4-19 小苗育苗圃土地平整

图 4-20 小苗育苗圃土地平整

图 4-21 小苗育苗圃高地处的蓄水池

图 4-22 小苗育苗圃中小水沟边的抽水机

图 4-23 遮阳棚立柱

图 4-24 催芽床制作和填沙

图 4 - 25　建成后的催芽设施

图 4 - 26　雨水冲刷沙床

图 4 - 27　雨水冲刷沙床

图 4 - 28　动物也会破坏沙床

（二）催芽预处理

来自中国热带农业科学院橡胶研究所的第一批油棕种子于2007年7月31日下午到达项目点瓦努阿图的埃斯皮里图桑托岛，8月1日下午开始浸泡种子（图 4 - 29、图 4－30、图 4－31、图 4－32、图 4－33、图 4－34、图 4－35、图 4－36、图 4 - 37和图 4 - 38）。此批种子有5个品系共296 600粒种子，5个品系分别为热油6、热油13、热油4、热油7、热油0，其数量分别为84 000粒、77 000粒、55 100粒、56 000粒、24 500粒种子（表 4 - 1）。另外，在浸种过程中因地震致使部分种子散落而混杂，在浸种后捡出部分表面发霉种子，混杂和发霉种子均分别播种于沙床。

表 4-1 第一批来瓦油棕种子数量

编号	箱号（品系）	数量（箱）	箱装规格	种子数量（粒）	备注
1	热油6	24	35袋×100粒/袋，3 500粒	84 000	—
2	热油13	22	同上	77 000	—
3	热油4	16	同上	55 100	其中1箱为26袋，2 600粒
4	热油7	16	同上	56 000	—
5	热油0	7	同上	24 500	—

1. 浸种方法

种子来瓦努阿图后立即浸泡。按不同的种子标号分开浸泡，浸泡前先用清水清洗，然后放置在100 L容量的塑料桶中，加入清水至满过种子表面，每桶约浸泡1.5万～2万粒种子；在无法采用流动水浸泡的情况下，增加换水次数，每天换水应最少两次，早、晚各1次；根据之前种子出苗率情况来看，浸泡时间宜在9d以内，最好尽早播种。

2. 浸种处理

来瓦努阿图种子统一浸泡6.5 d后，分批播种（表 4-2）。先期播种的品系是热油6、热油13及各品系的发霉种子，后期播种的品系是热油4、热油7、热油0、H（混杂）。先期播种的种子浸泡时间为6.5～9.5 d，后期播种的种子先浸泡7.5 d，然后贮存2.5～3.5 d，最后再浸泡3 d。发芽试验种子先浸泡7.5 d，然后贮存3.5 d，最后再浸泡9 d。热油6于8月8、9日播种完毕，大部分热油13种子于8月10日播种、少部分热油13种子于11日上午播种完毕，各品系中的发霉种子也于11日上午播种完毕。后期播种的种子热油4、H（混杂）、热油7、热油0于8月9日上午自然晾干、包装、贮存，贮存时间为2.5～3.5 d，其中，热油4、H贮存2.5 d，热油7、热油0贮存3.5 d，然后于8月12日和8月13日上午分批浸泡种子，并于8月15日和16日进行播种。另外，应李总要求，约留3 330粒种子供催芽试验（河沙、松土、海滩沙），并于8月22日播种。

表 4-2　第一批来瓦努阿图油棕种子浸泡处理（2007年）

编号	品系	第一次浸泡时间	第一次浸泡后阴干、贮存时间	第二次浸泡时间	第二次浸泡后播种时间	播种数量（粒）	浸泡处理时间（浸泡—阴干、贮存—再浸泡）（d）	备注
1	热油6	8月1日下午	无	无	8月8日	28 160	6.5—0—0	—
			无	无	8月9日	51 520	7.5—0—0	—
2	热油13	同上	无	无	8月10日	62 880	8.5—0—0	—
3	热油4	同上	8月9日上午取出阴干，下午包装贮存	8月12日上午	8月15日	53 120	7.5—2.5—3	贮存天数为2.5 d
4	热油7	同上	同上	8月13日上午	8月16日	54 010	7.5—3.5—3	贮存天数为3.5 d
5	热油0	同上	同上	8月13日上午	8月16日	15 750	7.5—3.5—3	贮存天数为3.5 d
6	H（混杂）	同上	同上	8月12日上午	8月15日	14 680	7.5—2.5—3	贮存天数为2.5 d
7	发霉种子（热油13、热油6、热油4、热油7、热油0、H）及部分热油13	同上	无	无	8月11日上午	17 000，其中发霉种子为9 000粒，13#为8 000粒	9.5—0—0	—
8	试验种子（热油0）	同上	8月9日上午取出阴干，下午包装贮存	8月13日上午	8月22日上午	3 330	7.5—3.5—9	贮存天数为3.5 d

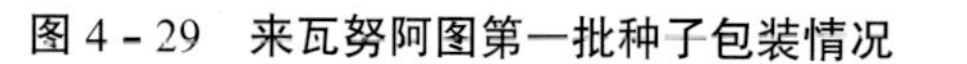

图 4-29　来瓦努阿图第一批种子包装情况

图 4-30　来瓦努阿图第一批种子包装情况

图 4-31 来瓦努阿图 第一批种子包装情况

图 4-32 取出种子

图 4-33 地震后

图 4-34 地震后

图 4-35 对种子立即进行浸泡

图 4-36 地震后浸泡的种子散落一地

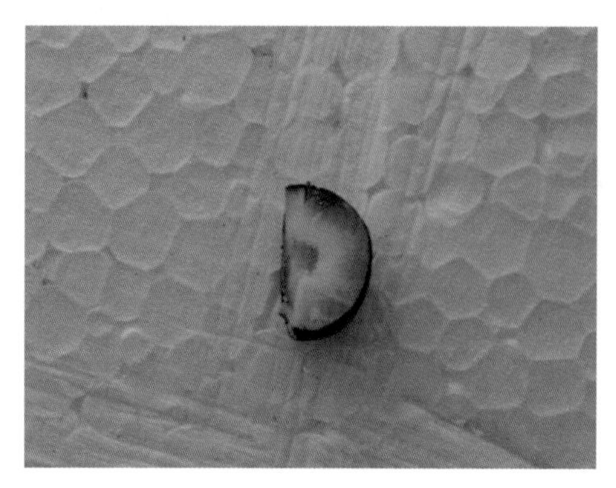

图 4－37　正常种子（胚芽乳白色）

图 4－38　不正常种子（胚芽发霉）

（三）播种

对来自中国热带农业科学院橡胶研究所的第一批5个品系的新鲜油棕种子先用流动水浸泡7 d，然后播种于沙床，在自然条件下催芽（图 4－39、图 4－40、图 4－41、图 4－42、图 4－43、图 4－44、图 4－45、图 4－46、图 4－47、图 4－48、图 4－49、图 4－50和图 4－51）。

1. 播种密度

播种距离为3cm × 4cm，播种密度为833粒/m^2。每个床实际播种4 000 ~ 4 500粒。

图 4－39　点播种子

图 4－40　播种现场

图 4 - 41　播种现场

图 4 - 42　播后盖上遮阳网

图 4 - 43　一边建沙床一边播种

图 4 - 44　播种现场

图 4 - 45　催芽设施情况

图 4 - 46　播种后淋水

图 4－47　种子发芽情况

图 4－48　沙床催芽小苗虫害

图 4－49　沙床催芽小苗虫害

图 4－50　沙床催芽小苗虫害

图 4－51　沙床催芽小苗虫害

2. 播种要求

3cm×4cm（发芽孔方向），播前保持沙床湿润疏松，播后盖沙2 cm厚并淋水，以后视砂床湿度淋水。播种后标示各个品种位置图。改进的地方：由于沙床面积有限，播种密度偏大，且沙床中沙的含泥量较高20%左右，因此，在播前播后均不能压实沙，另外，在播种深度上，为了保证在雨季和淋水过程中种子发芽姿势的正确，以及考虑到发芽持续时间长和发芽的不均匀性（期间挖苗移种），播后盖沙2 cm是正确的，但在播种时要落实到位，以免播种过深或过浅。

3. 播种速度

采用点播，并按常规播种姿势播种，播种距离为3 cm×4 cm，播种密度为833粒/m^2。每个沙床（长10 m×宽1.2 m×高0.15 m）实际播种4 000～4 500粒。播前保持沙床湿润疏松，播后盖沙2 cm厚并适当淋水，以后视沙床湿度淋水。播种后标示各个品种位置图。播种速度为2 100～5 000粒/（人·d），平均每人每天（8 h）3 752粒（表4-3）。

表4-3 播种速度统计

播种日期	播种数量（粒）	播种人数	工作量（粒/人·d）
2007年8月8日	28 160	11	2 560
2007年8月9日	51 520	16	3 220
2007年8月10日	62 880	16	3 930
2007年8月11日	17 000	8	2 125
2007年8月15日	67 800	14	4 843
2007年8月16日	69 760	14	4 983
2007年8月22日	3 000	1	3 000
合计	300 120	80	3 752

说明：播种数量为播种后点算，可能有偏差

4. 播后管理

（1）播种后，根据当地的雨水条件和沙床湿润情况，适时淋水，原则上隔天淋水1次。

（2）对因移苗或暴雨导致的外露种子进行盖沙或重播。

（3）对松开的遮阳网重新系紧。

（4）每个月拔草1次或移苗后拔草。

（5）注意观察发芽后的小苗的病虫害情况，对有虫害的将害虫人工去除。

（四）种子发芽与成苗

1. 油棕种子发芽与成苗情况

油棕种子催芽8个月后，统计发芽数量和出苗情况。由表 4－4可见，来自中国热带农业科学院橡胶研究所的油棕种子采用传统的催芽方法进行催芽，其种子发芽率高于国外同等条件下的催芽结果（平均发芽率为50%），达到51.4%或52.7%，但不同品种的发芽率有一定差异，其中，品种热油6发芽率最高，达68.83%，其次为热油0、热油2、热油7、热油4。此外，在催芽过程中有少部分种子为鼠所害，在移苗过程中也淘汰部分不正常苗如白化苗、茎叶扭曲苗、窄叶（草叶）苗等。从选苗结果来看，各品种均有白化苗现象并因品种而异，如热油6号达5～6株/万株；不正常苗中以茎叶扭曲苗为多，比例可达1‰～2‰，而窄叶（草叶）苗达0.2%～0.3‰，总体上不正常苗的选出率为1.6%～3.1%。若不扣除表面发霉种子9 000粒，则出苗数为152 313株，发芽率为51.4%；若扣除表面发霉种子9 000粒，则出苗数为151 688株，发芽率为52.7%。

表 4－4　第一批油棕种子的室外沙床催芽结果

序号	品种	种子总数（粒）	发芽种子数（粒）			发芽率（%）	备注
			发芽总数	不能正常出苗的发芽种子数（粒）	能正常出苗的发芽种子数（粒）		
1	6#	78 680	54 159	2 432（占3.09%）	51 727（占65.74%）	68.83	
2	13#	69 880	33 764	1 378（占1.97%）	32 386（占46.35%）	48.32	
3	4#	52 120	21 979	841（占1.61%）	21 138（占40.56%）	42.17	
4	7#	53 510	24 973	897（占1.68%）	24 076（占44.99%）	46.67	
5	0#	18 730	10 160	478（占2.55%）	9 683（占51.70%）	54.24	

（续表）

序号	品种	种子总数（粒）	发芽种子数（粒）			发芽率（%）	备注
			发芽总数	不能正常出苗的发芽种子数（粒）	能正常出苗的发芽种子数（粒）		
6	混杂种子	14 680	6 652	312（占2.13%）	6 340（占43.19%）	45.31	浸种时因地震使种子散落
7	发霉种子	9 000	625	67（占0.74%）	558（占6.20%）	6.94	浸种后表面长霉种子
小计1		287 600	151 688	6 338（占2.20%）	145 350（占50.54%）	52.74	不含发霉种子的统计结果
小计2		296 600	152 313	6 405（占2.16%）	145 908（占49.19%）	51.35	含发霉种子统计结果

2008年4月，将第一批在沙床催芽的仍为发芽的油棕种子转移至由表土作为基质的催芽床中继续进行催芽，截至2008年11月，仅有4 528粒种子发芽。可见，在室外催芽条件下，油棕种子的发芽周期可达16个月以上。

2. 表面发霉种子的出苗情况

播种时选出表面发霉种子，集中播种。由于各品种的浸种处理不同（表 4-2），因此其出苗结果不能作为比较结果。由表 4-5可见，各品种的表面发霉种子播种后的出苗率均远低于正常种子，其平均出苗率为6.2%，其中，热油6的油棕表面发霉种子出苗率最高，达21%，而其他品种的均很低。

表 4-5 表面发霉种子播种后的出苗率比较

不同品种	种子数	浸泡时间	播种时间	出苗数				出苗率（%）
				11月14日	11月23～24日	12月31日	1月22～23日	
热油6	3760	同未发霉种子相同	同未发霉种子相同	—	238	470	80	21.0

（续表）

不同品种	种子数	浸泡时间	播种时间	出苗数				出苗率（%）
				11月14日	11月23～24日	12月31日	1月22～23日	
热油13	1760	同上	同上	14	—	—	30	2.5
热油4	600	同上	同上	—	9	4	2	2.5
热油7	1840	同上	同上	—	18	29	6	2.9
热油0	560	同上	同上	—	12	21		5.9
混杂H	480	同上	同上	—	3	8		2.3
平均发芽率6.2%								

3. 油棕种子发芽与催芽条件的关系

种子的发芽率跟采种后贮存、来瓦努阿图运输途中停留的时间长短、催芽基质、浸种时间、催芽管理等都有一定的关系。

（1）催芽基质。为河沙，细如沙土，含泥量20%左右，腐殖质和海洋生物沉积物也比较多。由于采沙不易，时间紧迫，河沙没有进行清洗，也没有进行曝晒和杀菌。这对催芽期达8个月之久的种子发芽来说是不利的。

（2）浸种时间。种子来瓦努阿图后，催芽床才开始制作，河沙也开始过筛，可以说是边建沙床边浸种边播种。

（3）河沙未经预处理以及浸种安排的考虑，是根据当时的工作条件和进度做出安排的（表 4-6）。

种子来瓦努阿图后才开始拉木板制作沙床，雇请当地人筛沙也没有结果，只得我方人员筛沙，至8月6日，完成筛沙20m^{3}左右，制作沙床36个，可播种16万粒，因此，才决定于8月8日开始先期播种热油6和热油13，播种人数11～16人，播种平均速度约3 500粒/（人·d）。而其他品种的种子贮存2～3 d后继续浸种一段时间，以留出时间继续制作沙床、筛沙等。可见，浸种处理是由当时的生产条件决定的，至于洗沙就更不可能了。由此可见，催芽基质的不理想以及当时生产条件的限制，对之后的种子催芽存在长远的影响。

表 4-6 第一油棕种子来瓦努阿图后的工作日志

日期	工作日志
7月31日	种子抵达项目点
8月1日	上午：拉木板到催芽处，清点种子数量 下午：种子开箱泡水
8月2日	上午：催芽处平地、固桩；下午：拉河沙，锯木板
8月3日	拼装木板床21个
8月4~5日	中方人员筛沙20m^{3}左右
8月6日	上午：制作沙床15个，加上8月3日的21个，总共36个，按4 500粒/床计算，前期播种（浸种）数量162 000粒（热油6、热油13） 下午：继续制作沙床、填沙
8月7日	继续制作沙床、填沙20个床；开始雇请当地人筛沙
8月8日	开始播种热油6、热油13，锯木板，筛沙
8月9~11日	继续播种，阴干贮存热油4、热油7、热油0及混杂种子，筛沙
8月12日	热油4及混杂种子浸泡，筛沙
8月13日	继续制作沙床、填沙，热油7、热油0种子浸泡，筛沙
8月14日	拉遮阳网，筛沙
8月15~16日	播种热油4、热油7、热油0及混杂种子，筛沙

4. 与国外同等催芽条件下的发芽结果比较

（1）在其他国家，传统的催芽方法是：采用河砂或土壤作为催芽基质，在自然条件下进行催芽，催芽时间达3~6个月或更长，平均发芽率为50%。

（2）在瓦努阿图，受室内催芽条件的限制，海南种子也是采用传统的催芽方法进行催芽的，并且在克服各种困难条件下，取得了较好的催芽结果，种子发芽率高于50%，达到51.4%或52.7%。

二、室内催芽技术

（一）催芽结果

对第二批来自哥斯达黎加的经过热处理的4个品种的油棕种子全部进行室内（空调房）催芽（热处理种子先用流动水浸泡7 d，浸泡后阴干，然后放置在塑料盆中并盖上塑料薄膜，在气温为24℃、湿度为50%～80%条件下催芽），每天检查催芽环境情况并适当喷洒少量水分或杀菌剂（图 4－52、图 4－53 、图4－54和图 4－55）。催芽一段时间后统计发芽数量。由表 4－7可见，不同品种Compact × Deli、Compact × Ghana、Deli × Nigeria、Deli × Ghana的种子发芽率分别在催芽75 d后达到84.9%、69.3%、88.8%和47.5%，其中，Compact × Deli、Compact × Ghana的种子在催芽23d时发芽率最高，而Deli × Nigeria、Deli × Ghana的种子在催芽39d和60d时发芽率最高。在催芽过程中，对表面长霉的种子，其所在盆中的其他种子也一并用杀菌剂杀菌（0.1%多菌灵或福美双，清洗2 min），然后阴干之后继续催芽；对有籽腐病的种子，直接捡出。

（二）存在问题

湿度难控制，普遍高于80%，甚至100%，部分种子表面长灰霉或出现籽腐病，对盆中的其他种子有很大的影响。另外，催芽房温度有两次出现16～17℃的情况，也恐对种子发芽有影响；发芽率因品种而有较大的差异。

表 4-7 来自哥斯达黎加经热处理种子的室内催芽结果

序号	品种	达到时间	种子总数（粒）	催芽一段时间后的发芽统计情况（粒）							发芽总数（粒）	发芽率（%）
				催芽23 d（2008年5月30日）	催芽30 d（2008年6月7日）	催芽39 d（2008年6月16日）	催芽42 d（2008年6月19日）	催芽53 d（2008年7月1日）	催芽60 d（2008年7月7日）	催芽75 d（2008年7月21日）		
1	Compact × Deli	2008年4月29日	8 250	3719（占45.08%）	1529（占18.53%）	—	1468（占17.79%）	138（占1.67%）	—	152（占1.84%）	7006	84.9
2	Compact × Ghana	2008年4月29日	8 250	2832（占34.33%）	1860（占22.55%）	—	933（占11.31%）	—	—	88（占1.07%）	5714	69.3
3	Deli ×Nigeria	2008年5月7日	2 750	—	—	1364（占49.60%）	—	—	779（占28.33%）	298（占10.84%）	2441	88.8
4	Deli ×Ghana	2008年5月7日	2 750	—	—	413（占15.02%）	—	—	716（占26.04%）	176（占6.40%）	1305	47.5
平均												72.6

图 4－52　在空调房进行种子催芽

图 4－53　对种子进行药剂处理

图 4－54　种子发芽情况

图 4－55　播种情况

三、不同催芽基质的发芽结果比较

采用河沙、泥土和花坛沙作为催芽基质进行沙床催芽（图 4－56和图 4－57）。河沙比较细，含泥量20%左右，且腐殖质和海洋生物沉积物比较多，试验前没有进行清洗、暴晒和杀菌处理；泥土为表层疏松土壤，透水、透气性强，海滩沙取自很久未被海水浸泡过的海滩。采用第一批热油0号油棕种子，种子先用流动水浸泡7.5 d，阴干后用塑料袋密封贮存3.5 d，然后取出再浸泡9 d后于2007年8月22日播种于沙床，催芽一段时间后调查发芽结果，可能由于贮存后浸种时间长，因此出苗率低。由表 4－8可见，用河沙和泥土作为催芽基质，发芽率接近，约为26%，但海滩沙较低。

表 4-8 热油0号油棕种子在不同催芽基质中的发芽实验结果

催芽基质	种子总数（粒）	催芽一段时间后的发芽统计情况（粒）			发芽总数（粒）	发芽率（%）
		2007年11月23日	2007年12月28日	2008年1月23日		
河沙	720	55	82	53	190	26.39
泥土	1 200	74	200	44	318	26.50
海滩沙	1 410	105	105	48	258	18.30

图 4 - 56 海滩沙催芽

图 4 - 57 表土催芽

第二节 小苗育苗生产技术

因大苗育苗用地迟迟未有解决，考虑到苗圃用地比较紧张以及在小苗期淘汰劣质苗木的需要，我们育苗分两个阶段进行，即先在小育苗袋中培育3 ~ 4个月（前期苗圃）后，再移栽到大育苗袋中培育8个月以上（后期苗圃）。播种后，我们即开始了前期苗圃的建设工作。

一、小苗育苗圃建设技术

（一）建设步骤

制定和讨论苗圃规划设计方案→组织人员和机械设备等→清萌→土地平整（备袋土、备木桩）→定标→装袋土→打桩洞→摆袋→竖木桩→拉遮阳网→袋土淋水→小苗移栽。

（二）规划设计

为了提高单位面积苗圃育苗数量，同时又利于装袋和今后日常田间管理养护工作，苗床的设计是非常重要的。苗床不宜过宽过长，通常由育苗袋规格和便于操作决定。如我们的育苗袋规格（平放）是底宽15 cm×长20 cm，因此，我们设计苗床是宽1.2 m，可摆放8个育苗袋；苗床长度是10 m，可摆放66个，这样每个育苗床可培育苗木528个。具体育苗床设计如下。

（1）育苗床宽1.2 m、长10 m或稍长。育苗床除边床外，其他床按双行排列方式设计，双床间为步行道0.5 m，双床与双床间为手推车道0.7 m。

（2）苗圃横道为0.7 m。

（3）育苗床4个边角分别设置木签。

（4）标记蓝色圆为竖桩位置，在横道方向上3.6 m1桩，在纵道方向上5～5.5m1桩。

（5）每床育苗数量：在宽边摆8个袋，在长边摆66个袋，每床育苗528个袋。

（6）育苗床数量及面积（不含主道所占面积）：每床育苗面积为17.12 m^2，育苗528株。

从图 4－58中可见，一个面积为167.09 m^2的苗圃，可培育小袋苗4 224株，其中，育苗实际占地面积为96 m^2，其他为苗圃道路所占面积（不含运输道路），为71.9 m^2，占苗圃面积的42.55%。据此推算，每667m^2苗圃可育苗16 860株。

（三）小苗育苗圃建设过程中的几个技巧

1. 苗圃规划设计定标后，即开始放土

根据当地实际条件和工作需要，为了提高工作效率，需要把表土先摆在育苗位置上，因此，之前需要先确定育苗位置上的苗床数量和育苗数量，然后根据每

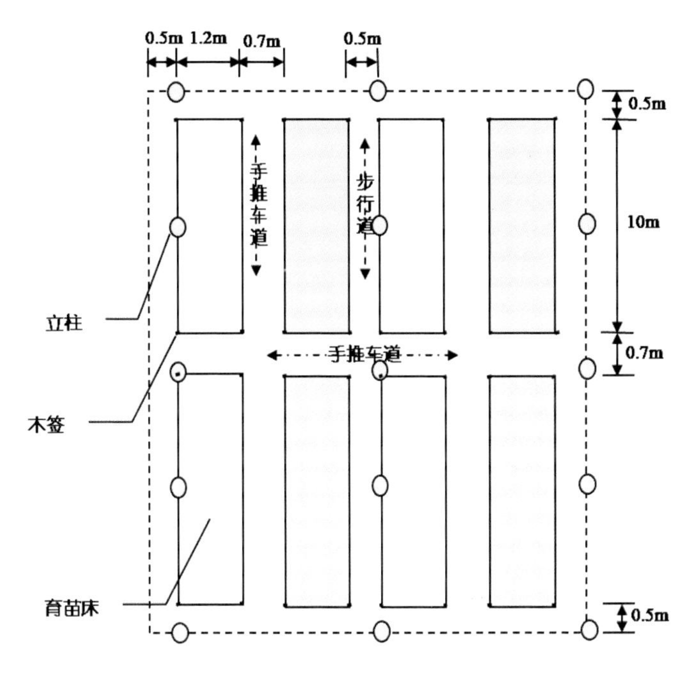

图 4 - 58 小苗育苗圃育苗床设计示意图

个育苗袋装土后的重量，估算每个苗床需土方量，最后决定育苗位置放土的数量。放土时按照先里后外、先难后易原则依次放土，放土太多，清土难度加大，太少又得从其他地方运土。

2. 装袋土后进行摆袋

根据苗床设计，在苗床四边拉上线绳，然后依照要求摆放即可。有时为了防止育苗袋倾斜或倒伏，也可在苗床四周用竹竿、木条或线绳固定。

（四）小苗育苗圃建设

小苗育苗圃建设包括平地、定标、备土、装袋以及遮阴棚建设等（图 4－59、图 4－60、图 4－61、图 4－62、图 4－63、图 4－64、图 4－65、图 4－66、图 4－67、图 4－68、图 4－69、图 4－70、图 4－71、图 4－72、图 4－73 和图 4－74）。

图 4 - 59　用推土机平地

图 4 - 60　土地平整效果

图 4 - 61　定标

图 4 - 62　备土

图 4 - 63　备土

图 4 - 64　装土

图 4 - 65　放土

图 4 - 66　放土

图 4 - 67　装袋土

图 4 - 68　摆袋

图 4 - 69　摆袋后效果

图 4 - 70　摆袋后效果

图 4－71　竖桩

图 4－72　拉线

图 4－73　拉网

图 4－74　苗圃建成

二、苗木移栽技术

（一）　移苗与选苗方法

将在沙床中萌芽的种子或小苗（1片叶以前）移栽到小育苗袋中（图 4－75、图 4－76和图 4－77）。在移苗前，根据沙床中河沙的松紧度（湿润度），采取人工拔或挖的方式进行。因为如果沙床湿度不够或苗木过大的话，河沙比较紧实或苗木根系着附力大，人工拔出的话会导致断苗，在这种情况下可在移苗前适当给沙床淋透水后再拔出或用小木棍辅助挖出。

图 4 - 75 催芽沙床上发芽的油棕种子

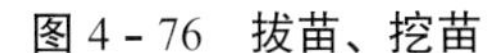

图 4 - 76 拔苗、挖苗

图 4 - 77 拔苗、挖苗现场

苗木挖出后抖动根系，使附着在根系上的大部分沙砾掉落，然后用清水清洗根部，以免带沙移栽伤根。清洗根部后再放入装有少量水的塑料盆或塑料桶中即可用于移栽。拔苗时还应淘汰不正常苗，如茎干、叶片扭曲苗、草叶苗、白化苗等（图 4-78、图 4-79、图 4-80和图 4-81），其中，以茎干、扭曲苗最大，这主要是因播种时种子播种姿势不正确或播种后雨水冲刷改变了发芽姿势。

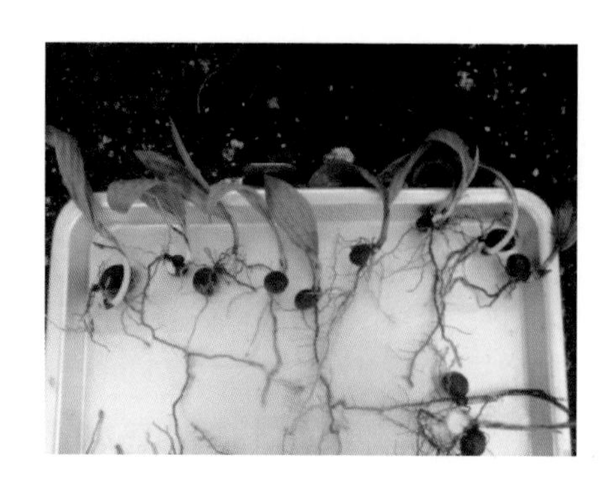

图 4-78　茎干、叶片扭曲苗

图 4-79　草叶苗

图 4-80　草叶苗

图 4-81　白化苗

（二）移栽方法

移栽时，先检查袋土的湿润情况，在袋土比较紧实的情况下，应在移栽前一天给袋土淋透水，以保证移栽时袋土比较疏松、湿润。瓦努阿图的土壤透水性好，保水性差，缺水时，土壤呈颗粒状，因此，我们通常在移栽时淋透水然后进行移植。

移栽时，通常2个人负责1个育苗床，1人承担1边，每个人种植4株。移栽时，先把小苗摆放在袋口，一次摆放苗数不超过10株，以免植株失水。摆苗后，用在小木棍在育苗袋中打孔，打孔深度应略深于苗根长度，打孔后，手握住苗颈（与种子方向相反），垂直放入苗洞，回土压实，种苗深度应略高于种子表面即可。在移栽时，尽量保证所有根系均能垂直放入苗洞中，避免根系弯曲或外露，同时也要带种移栽。移栽后应立即淋水，以后根据袋土水份情况适当淋水（图 4-82、图 4-83、图 4-84、图 4-85、图 4-86、图 4-87、图 4-88和图 4-89）。

图 4 - 82 摆苗

图 4 - 83 挖洞

图 4 - 84 放苗

图 4 - 85 回土压实

图 4 - 86 移植后

图 4 - 87 移栽现场

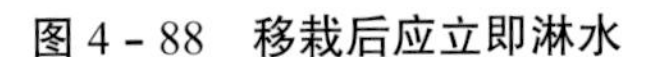

图 4－88　移栽后应立即淋水

图 4－89　移栽后苗圃

三、小苗育苗圃管理技术

移栽后即进入苗圃的管理。苗圃管理主要以淋水、除草、施肥以及病虫害防控、苗木优选等为主，期间也出现了鼠害，但防控效果不明显。在育苗袋培育4个月后，即可移栽到大育苗袋中（图 4－90、图 4－91、图 4－92、图 4－93、图 4－94和图4－95）。

图 4－90　苗圃管理指导

图 4－91　除草

图 4-92 苗木穿根现象（4个月）

图 4-93 苗况（4个月）

图 4-94 鼠害

图 4-95 鼠害

四、小苗优选技术

苗圃中出现的不正常苗（遗传和非遗传变异）要及时剔除，以避免用于大田定植从而影响油棕树的生长和产量。马来西亚研究表明，油棕苗圃中的苗木的淘汰率约为5%～10%，有的高达40%～50%；与正常油棕植株相比，不正常油棕植株的产量水平仅相当于正常的0～60%[3]。由此，种苗优选是育苗生产实践的一项重要步骤。除了在移栽小育苗袋前要淘汰外，在小苗育苗期间也要进行优选。参考马来西亚的相关生产实践，小苗育苗圃中出现的不正常苗木类型主要包括茎干、叶片扭曲苗（图 4-78）、草叶苗（图 4-79）、白化苗（图 4-81）、嵌合体（图 4-96、图 4-97和图 4-98）、黄化苗（图 4-99）和皱叶苗（图 4-100、图 4-101、图 4-102和图 4-103）。

图 4 - 96　**嵌合体**（Chimaera，遗传变异）

图4 - 97　**嵌合体**（Chimaera，遗传变异）

图 4 - 98　**嵌合体**（Chimaera，遗传变异）

图 4 - 99　**黄化苗**（Etiolation，遗传变异)

图 4 - 100　**皱叶苗**（Collante，非遗传变异）

图 4 - 101　**皱叶苗**（Collante，非遗传变异）

图4-102 皱叶苗（Collante，非遗传变异）

图4-103 皱叶苗（Collante，非遗传变异）

第三节 大苗育苗生产技术

一、大苗育苗圃建设技术

（一）建设步骤

选地→制定和讨论苗圃规划设计方案→组织人员和机械设备等→清草皮→犁地→定标→装袋土→小苗换袋移栽。

（二）规划设计

按90 cm×90 cm×90cm的等边三角形的定标，标点为育苗袋摆放位置；就地取土装袋；亩育苗约800株；育苗袋规格（平放）是底宽35 cm×长40 cm；因条件限制，没有建遮阳棚，无完善灌溉设施。

（三）选地与备土

1.选地

因瓦方不能提供苗圃用地，经与华侨黄志诚协商，利用其牧场内的一块比较平整的土地用作大苗育苗圃用地。苗圃地平整，路通，地上无高大植被，为草地，表土比较厚，靠近牧场内的养鸡场，附近没有水源，仅有鸡场内的一个$6m^3$储水罐，如果需要大量用水还得从较远的河里抽水，由此，以后的一些育苗关键时段只能看天气突击开展以解决水源不足问题。此外，育苗用土采用就地取土进行装袋，且苗圃用地靠近附近的一个老龄椰子园，因与油棕均为同科，为以后的病虫害防控留下了很大的隐患和困难。

2. 备土

先将牧场内的草皮用刮平机刮去一层，尽量把草去除而又不要刮去太多表土；然后用推土机或铲车或用卡车将刮去的草皮推至或运至牧场内的一个大坑里堆放。然后用旋耕机将表土打松打碎即可作为大苗育苗用袋土即就地取土的方法（图 4-104、图 4-105、图 4-106、图 4-107、图 4-108和图 4-109）。

图 4-104　用刮平机铲草

图 4-105　用推土机把草推到一边

图 4-106　用装载机把草推到一边

图 4-107　推成堆后用卡车拉走

图 4-108　用旋耕机松土

图 4-109　装袋用土

（四）定标与装土

按90 cm×90 cm×90cm等边三角形形式的定标，标点为育苗袋摆放位置。在装袋土过程中，创新了一种油棕育苗装土装置（专利号：ZL 2011 2 0293993.8），即用与育苗袋口径和大小相近的塑料桶作为装土容器，将塑料桶底部切平，呈敞开式套筒状，套在塑料袋内，然后用铁锹装土，装满后摇实土，最后把塑料桶拉起就装好一个袋土了。此装置既起固定支撑塑料袋的作用，又能方便一个人进行操作，不但结构简单，制作成本低，而且能大大提高油棕育苗生产效率，同时减轻劳动强度和节约生产成本（图4-110、图4-111、图4-112、图4-113、图4-114和图4-115）。

图4-110　大苗苗圃定标

图4-111　大苗苗圃定标

图4-112　装袋土

图4-113　装袋土

图 4－114　装袋土

图 4－115　装袋土

二、移栽换技术

截至2008年2月25日，第一批油棕种子培育的部分苗木苗龄达6个月，叶片数达5～6片［图 4－116（a）和图 4－116（b）］，由于苗龄过大，株距过窄，叶片相互交叠，荫蔽度高；而来自巴布亚新几内亚种子培育的苗木苗龄达2个月，叶片数达2～3片。

（a）

（b）

图 4－116　小袋育苗情况

按照育苗技术要求，小袋育苗期限不宜超过4个月，但受目前备地条件的限制，苗木还无法于近期内移栽换袋，这也给苗圃日常管理，特别是肥水管理以及病虫害防治增加了一定的困难：要增施肥料提高苗木生长速度，但又要控制苗木生势过快；在干旱天，由于苗龄大，苗木需水量很大［50～100 ml/（株·次）］，至少每天需要淋水1次，但在持管淋水过程中，带病菌的土壤颗粒有可能飞溅到叶片上，且经常淋水也易破坏土壤结构，造成有机和无机养分（特别是N素）流失，而这也可能会诱导病害的发生；在阴雨天，苗木荫蔽度、潮湿度又很高，这也会导致病虫害的爆发，因此，无论干旱或阴雨天气都易导致病害的发生，尽快移栽换袋已刻不容缓，主要原因有以下3个方面。

1. 苗木生长情况

叶片相互交叠，生长空间受限。受苗木间距小和育苗袋尺寸小的影响，不但苗木生长受到抑制，而且易传播和爆发病虫害；普遍存在穿根现象。若不及时换袋，断根移栽将会影响苗木存活率。

2. 育苗袋质量

育苗袋易脆、易裂。因此，苗木不宜久留，应尽快换袋。

3. 苗圃地重复利用

目前，华侨黄农场可利用的小苗育苗用地有限，仅有1 hm^2，若能通过分批移栽换袋，则可腾出空间培育更多的苗木，即可以缓解目前用地紧张的问题，也可以节省备地费用开支。

根据小苗袋土紧实度以及天气情况决定移栽换袋时间。在移栽换袋前，先对工人进行实地讲解。一是先将小袋苗摆在装好袋土的大育苗袋边，在摆放过程中尽量避免松动袋土；二是在大育苗袋袋土中间挖成与小育苗袋大小相近的植穴，然后将小苗育苗袋从底部小心撕去，尽量保持土柱不松散，最后放入大育苗袋的植穴中，在小苗土柱周边用土压实即可（图 4－117、图 4－118、图 4－119和图 4－120）。

图 4－117　移栽换袋前讲解技术要点

图 4－118　将移栽换袋的小苗摆在大袋边

图 4-119　移栽换袋

图 4-120　移栽换袋后的场景

三、大苗抚管技术

大苗育苗圃田间管理主要包括除草[图 4-121（a）、图 4-121（b）、图 4-122（a）和图 4-122（b）]、病虫害防控以及种苗优选等。田间除草主要采用人工拔除方法，没有采用化学除草主要考虑到农药对土壤环境的影响问题。病虫害防控以及种苗优选在下面章节中进行总结。

（a）

（b）

图 4-121　大苗育苗圃人工除草

（a）

（b）

图 4-122　大苗育苗圃情况

第四节 种苗优选技术

在大苗育苗圃培育的苗木（苗龄6个月以后）在上山种植前要根据其生长势、株型以及叶片等性状进行分级筛选，以淘汰不正常植株[图 4-123、图 4-124、图 4-125、图 4-126、图 4-127（a）、图 4-127（b）、图 4-128、图4 -129、图4-130、图 4-131、图 4-132、图 4-133、图 4-134（a）和图 4-134（b）]。根据马来西亚的生产实践，主要淘汰类型包括以下7种。

1. 侏儒株（*Juvenile form*）

叶片发育生长迟缓，甚至老叶的羽叶也未展开。

2. 平顶株（*Flat top*）

新抽叶片逐渐变短，甚至不能伸出到老叶外缘，呈扁平状。

3. 直立株（*Upright form*）

叶片与茎干较角尖锐，不弯曲，呈直立状，此株型植株通常产量很低，有时叫不育株。

4. 宽节株（*Wide internodes*）

植株小叶节间距离显著宽与其他相同苗岭的植株。

5. 一袋双株（*Twin seedlings*）

一粒种子发芽成双株，应直接剔除或分株。

6. 嵌合体变异株（*Chimaeras*）

叶片上有呈规则灰白色或鲜黄色的条带，但不影响产量。

7. 融合株（*Collante*）

新抽叶片不能正常展开，沿叶片中间收缩，成融合状，认为主要是缺水造成的，有时花粉变异或芽腐病也会导致这种情况肤色发生。人工分开并加强水分管理后苗木可恢复正常，但对于不能恢复生长的苗木应剔除。

图 4 - 123　正常株

图 4 - 124　宽节株

图 4 - 125　直立株

图 4 - 126　嵌合体变异株

(a)

(b)

图 4 - 127　侏儒株

图 4-128 平顶株

图 4-129 一袋双株

图 4-130 融合株

图 4-131 融合株

图 4-132 融合株

图 4-133 融合株

（a）

（b）

图 4－134　融合株

第五节　病虫害防控技术

一、病害防控技术

（一）病害类型

油棕苗圃病害主要有两种病害（图 4－135、图 4－136和图 4－137），分别为叶疫病（*Corticium leaf rot*）、弯孢属苗枯病（*Curvularia* spp. *seedling blight*）、芯（芽）腐病（*Spear and Bud rot*），其中，叶疫病较重，发病率约为0.1%；苗枯病、芽腐病较轻，病株较少。病害在小苗期比较少发生，其主要发生在大苗期，即苗龄较大，叶片数达4片或以上的植株。

图 4－135　叶疫病

图 4－136　弯孢属苗枯病

图 4－137　芯（芽）腐病

（二）油棕叶疫病（*Corticium leaf rot*）

油棕叶疫病是真菌*Corticium solani*（伏革菌属）引起的，在其无性繁殖时期也叫*Rhizoctonia solani*（绿核菌属）。油棕叶疫病在小苗期比较少发生，其主要发生在大苗期，且在叶片未成羽状时以及成羽状的较老叶片上均有发生。

1. 危害症状

（1）非侵染期。最早的症状通常表现在枪叶基部，并造成叶基腐烂，当枪叶展开后，叶片上的病区呈不规则形状的横向条纹，病区最初失绿呈橄榄绿色、水渍状，之后病区迅速干枯，颜色也逐渐变成灰白色至白色，并有明显的紫色边缘，此外，病区坏死组织极易破裂（图4-138、图4-139、图4-140和图4-141）。

图4-138 非侵染期症状

图4-139 非侵染期症状

图4-140 非侵染期症状

图4-141 非侵染期症状

（2）侵染期。受感染的叶片通过其白色的菌丝体（真菌的营养体生殖部分，由大量枝杈和菌丝组成）可以连接到毗邻的健康叶片（图 4 - 142和图 4 - 143）、新抽的枪叶（图 4 - 144）或健康株（图 4 - 145）上，并继续作为其侵染对象。新侵染的叶片症状首先在与菌丝体接触的部位开始表现，然后病区向叶尖和叶基方向扩展，其他症状表现与非侵染期的相似，但在连续阴雨天气或淋水过多的情况下，病区组织则先由橄榄绿变成水渍状的黑褐色，之后才逐渐变成灰色至白色，最后干枯脆裂。

图 4 - 142　侵染期症状

图 4 - 143　侵染期症状

图 4 - 144　侵染期症状

图 4 - 145　侵染期症状

在2008年2月20日发现此病害后，采取了切除病叶的处理措施，但仍无法控制病情的继续蔓延，病菌继续侵染余下的健康叶片或新叶（图 4－146和图 4－147）。

图 4－146 剪叶后病菌继续侵染

图 4－147 剪叶后病菌继续侵染

2. 病因

可能有以下几种原因。

（1）长时间的强降雨或在人工持管淋水过程中，带有传染性菌类的土壤颗粒飞溅到叶片上。

（2）由于降水、淋水或地下水位高所诱发的缺氮现象。

（3）排水不良的黏重土，此类土壤在塑料袋育苗中并不采用，但在土壤比较黏重的地栽苗圃中则比较常见。

（4）豆科覆盖作物作为覆盖物时，可能成为侵染源。

（5）受感染的叶片通过白色的菌丝体连接到健康的叶片和新抽的枪叶上，并继续作为其侵染对象。

3. 防治方法

（1）针对目前发生的油棕叶疫病，我们主要采取了以下防治措施。

①移开感染病株。

②避免在苗圃湿度过大的情况下拔草。

③在天气转晴后考虑喷施预防药物。

（2）加强今后的苗圃日常管理。油棕苗圃在连续阴雨天或干湿交替季节容易发生病虫害，为了减少病害的发生，在日常苗圃管理过程中，应采取以下措施来加强苗圃管理。

①旱天加强淋水力度，但应避免人工持管淋水过多（最好是高架灌溉），雨天注意病害的发生情况并采取必要的防治措施。

②适当遮阴，同时保持苗圃通风透气，避免过分遮蔽。

③发生病害后应立即切除病叶组织，移开或销毁严重感染病株。

④采用肥沃、排水和透气性较好的表土作为育苗土壤。

⑤经常保持苗圃及其周边清洁、无草害，但应尽量避免在阴雨天除草。

⑥提高育苗袋之间的距离，因此应尽快移苗换袋。

⑦采取化学防治方法，每10d喷1次，根据病害爆发程度，可增加到每5～6d喷1次，直到病情得到控制。

第一，不宜采用无效药物*Captan*（克菌丹）和*Ziram*（福镁锌）。

第二，最有效的杀菌剂是*Thiabendazole*[（涕必灵，噻苯咪唑，一种白色化合物$C_{10}H_7N_3S$，医药上用作抗真菌药和驱虫药。80%的*Thiabendazole*稀释成0.1%）、*Thiram*（二硫四甲秋兰姆，福美双，双硫胺甲酰。75%～80%的Thiram稀释成0.2%）以及*Benomy*l（苯菌灵，苯来特。稀释成0.01%，混合少量的Maneb（代森锰，一种防治叶面病害的保护性杀菌剂）]。

第三，根据目前项目点的防病药物种类，可考虑采用：50%可湿性粉剂福美双1000倍液喷雾或80%可湿性粉剂炭疽福美500倍叶喷雾；“火力”防治炭疽病（40%可湿性粉剂炭疽福美，1 000～1 500倍液喷雾）、“精品用得”40%甲基托布津1 500～2 000倍液喷雾或“OS施特灵”（0.5%氨基寡糖素水剂（Oligosaccahirns），800～1 000倍液喷雾）。

（三）早期弯孢属苗枯病（*Curvularia spp. seedling blight*）

1. 症状

叶面圆形或椭圆形黄点，斑点扩大呈灰褐色，中间凹陷，有明显橙黄色晕轮，最先侵染枪叶或新展开的两片叶。通常情况下病斑分离，严重时病斑融合（图 4－148、图 4－149、图 4－150和图 4－151）。

2. 防治

有效成分0.2%的福美双喷施。

图 4-148 早期弯孢属苗枯病

图 4-149 早期弯孢属苗枯病

图 4-150 早期弯孢属苗枯病

图 4-151 早期弯孢属苗枯病

（四）芯（芽）腐病（*Spear and bud rots*）

1. 症状

芯叶基部最早开始受害，呈深褐色湿腐，严重时芯叶折断、拔出，甚至影响到顶芽生长、腐烂以及后期叶片生长呈小叶症，真菌和细菌危害（图 4-152、图 4-153、图 4-154和图 4-155）。

2. 防治

可用有效成分0.1%的福美双和有效成分0.02%农用链霉素复配进行喷雾处理。

图 4-152　芯（芽）腐病

图 4-153　芯（芽）腐病

图 4-154　芯（芽）腐病

图 4-155　芯（芽）腐病

（五）炭疽病（*Glomerella cingulata*）

1. 症状

多出现于叶脉两侧。初现暗绿色斑纹，后逐渐扩大成不规则大班，颜色由褐色变为黑色，严重时可扩散到整个叶片（图 4-156和图 4-157）。

2. 防治

有效成分0.1%涕必灵喷施。

图 4-156 炭疽病

图 4-157 炭疽病

（六）早期黑盘孢属叶腐病（*Early leaf disease caused by Melanconium elaeidis*）

1. 症状

从叶尖开始受害，病区从灰色到褐色且易碎，与健康叶组织有浅黄色界限（图 4-158）。

2. 防治

有效成分0.1%涕必灵或有效成分0.2%的福美双喷施。

（七）早期球二孢属叶腐病（*Early leaf disease caused by Botryodiplodia* spp.）

1. 症状

从叶尖开始受害，病区从灰色到褐色且易碎，与健康叶组织有界限明显但无浅黄色（图 4-159）。

2. 防治

有效成分0.1%涕必灵或有效成分0.2%的福美双喷施。

图 4-158　早期黑盘孢属叶腐病

图 4-159　早期球二孢属叶腐病

（八）长蠕孢菌霉叶斑病（*Helminthosporium* spp. *leaf spot*）

1. 症状

叶尖大量黑褐色斑点，有失绿晕轮并逐渐变黄，病区间散黄色，病区扩大融合，叶片从叶尖边缘开始逐渐枯死（图 4-160、图 4-161、图 4-162和图 4-163）。

2. 防治

有效成分为0.2%的福美双喷施。

图 4-160　长蠕孢菌霉叶斑病

图 4-161　长蠕孢菌霉叶斑病

图 4－162 长蠕孢菌霉叶斑病

图 4－163 长蠕孢菌霉叶斑病

（九）枯萎病（*Wither tip disease*）

1. 症状

芯叶未展开前，可见叶尖方向有水渍状棕褐色病斑，当芯叶展开时，可见叶轴上半部分的羽叶大部分腐烂，芯叶展开后，腐烂的叶片碎裂[图 4－164（a）和图 4－164（b）]。

2. 防治

将受影响的芯叶部分人工切除，然后喷施有效成分0.1%涕必灵。

（a）

（b）

图 4－164 枯萎病

（十）拟盘多毛孢叶斑病（*Pestalotiopsis leaf spot*）

1. 症状

叶片表面散生很多小的黑斑，并逐步扩大，黑斑中间变脆，颜色变淡，并有大量分生孢子。特别是在镁素严重缺乏时最易发生（图 4－165和图 4－166）。

2. 防治

可选用80%代森锰锌稀释成0.2%进行喷雾，效果较好。

图 4－165　拟盘多毛孢叶斑病

图 4－166　拟盘多毛孢叶斑病

二、虫害防控技术

（一）虫害类型

苗圃虫害主要有金龟子、结草虫、蝗虫、红蜘蛛、二疣犀甲为害，其中以金龟子为害最重。

（二）金龟子（*Cockchafers*）

虫害主要集中在中袋苗圃，其中以金龟子为害为主，并主要发生在5 -9月份。经过几个月的防治，目前，苗木叶片危害较轻，地面表土的幼虫也很少，可以说，此类虫害已过暴发期。今后，将继续加强此类虫害的防治，并以叶面喷施敌百虫为主，同时加强苗圃内及其周边的草害控制。

1. 为害

（1）成虫为害。傍晚至夜间咬食叶片，使叶片成网状孔洞，孔洞大小不一、形状各异，严重时整个叶片受害、仅剩叶脉（图 4-167、图 4-168和图 4-169）。此外，观察也发现，此类成虫有群集性、假死性、趋光性，有时在一片叶上有4只，另外，在袋土中也发现有幼虫，呈乳白色，体肥，并向腹部弯曲成“C”形，头部为褐色并有3对胸足。据推测，5月即有成虫出现，并在6月开始逐渐增多，并可能在7月达到高峰，此外，6—7月为当地的冬季，气温低，正适合幼虫越冬和成虫交配。

（2）幼虫为害。可能咬食幼苗根茎等地下部分，并成为主要的地下害虫。

图 4-167 金龟子为害

图 4-168 金龟子为害

图 4-169 金龟子为害

2. 防治

（1）成虫防治。黄昏后（16:00以后）叶面喷雾。0.4%砷酸铅lead arsenate、0.1%敌百虫Dipterex（90%敌百虫800倍液）或40%乐果Rogor 800倍液。

（2）幼虫防治。40%~50%辛硫磷Phoxim 乳油沟施、穴施、撒施至树盘，可防止大量出土成虫；毒死蜱Chlorpyrifos颗粒撒施至土壤表面。

（3）人工或化学除草。苗圃周边4~6 m内除草。

①喷施：下午喷施。杀螟松、杀螟硫磷Fenitrothion 15g/10L或二嗪农Diazinon 6g/10L（图 4-170和图 4-171）。

②土壤处理：0.3%氯丹chlordane或其40%的乳状药剂（50L/100 m^2）、七氯颗粒Heptachlor （1kg/hm^2）或毒死蜱Chlorpyrifos颗粒撒施至土壤表面（图 4-172、图 4-173、图 4-174和图 4-175）。

③除草：苗圃周边4～6 m除草。

图 4-170 受害苗木

图 4-171 化学喷施防治

图 4-172 调查样块害虫数量

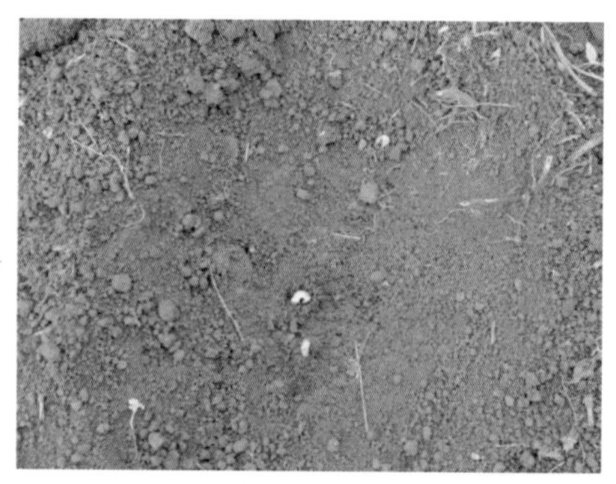

图 4-173 表土中的害虫幼虫

图 4-174 检出和清点害虫数量

图 4-175 土壤处理防治

（三）蝗虫（*Grasshopper*）

1. 蝗虫种类

根据其背部颜色及形态来看，有4种（图 4-176、图 4-177、图 4-178和图4-179）。

图 4-176 蝗虫

图 4-177 蝗虫

图 4-178 蝗虫

图 4-179 蝗虫

2. 危害

从叶缘向里吃或从叶片中间吃，对叶片危害严重，叶片咀嚼后留下的孔洞形状不规则，尤其干旱季节最易发生，很难防治（图 4-180和图 4-181）。

图 4 - 180　蝗虫为害（叶缘）

图 4 - 181　蝗虫为害（叶中）

3. 防治方法

用杀螟松15 g/10 L或二嗪农6 g/10 L进行喷施。

（四）结草虫（*Bagworm*）

1. 为害

为害叶片表面后，叶表组织去皮，最后干裂成洞，袋状蛹悬挂在叶片下面；叶缘或叶中受害成不规则形状，通常为洞，可见叶片下面悬挂的蛹包（图 4 - 182、图 4 - 183、图 4 - 184、图 4 - 185、图 4 - 186和图 4 - 187）。

图 4 - 182　结草虫为害

图 4 - 183　结草虫为害

图 4 - 184　结草虫为害

图 4 - 185 结草虫为害

图 4 - 186 结草虫为害

图 4 - 187 结草虫为害

2. 防治方法

（1）人工除去。

（2）细菌性杀虫剂苏云金杆菌10 g/10 L水喷施叶面。

（五）红蜘蛛（*Red spider mite*）

1. 为害

主要为害较老的叶片，在较长时间的干旱或连续的喷施杀虫剂后容易发生，通过刺吸叶片的汁液，使为害叶片上首先出现大量的极小的褪绿黄斑点，然后整片叶逐渐从黄色变成古铜色。红蜘蛛很小，且肉眼能看到小的能快速移动的红斑点，在红蜘蛛密集聚集为害时，能看到非常清晰的白色螺纹轨迹。红蜘蛛通常产卵于叶背，呈红色，幼虫孵化出来后可见到叶背上残留的白色卵鞘（图 4 - 188、图 4 - 189、图 4 - 190和图 4 - 191）。

2. 防治方法

第一次用0.1%的乐果喷施，10d后（第二次）用0.2%的四氯杀螨砜乳剂或0.1%的四氯杀螨砜可湿性粉剂喷施。

图 4 - 188　红蜘蛛为害

图 4 - 189　红蜘蛛为害

图 4 - 190　红蜘蛛为害

图 4 - 191　红蜘蛛为害

（六）二疣犀甲（*Oryctes rhinoceros beetle*）

1. 为害

在苗圃中偶有发现二疣犀甲的为害植株，主要通过咬食嫩叶基部，使芯叶折断或当新抽叶片展开后，叶片的轮廓呈现出不规则的形状（图 4 - 192和图4-193）。

2. 防治

用26%林丹（六氯环己烷）与石灰、水按1：1：100的比例配制后喷施；用26%林丹（六氯环己烷）与77.5%敌敌畏乳油按1：1.8的比例配制后涂抹在苗木茎基上。

图 4 - 192 二疣犀甲为害

图 4 - 193 二疣犀甲为害

第六节 营养诊断与施肥技术

一、缺素与施肥

（一）缺硼与施肥

在大多数土壤下，土壤中的硼都不能满足油棕的生长需要，根据现有油棕苗圃苗木缺肥症状的调查和分析，苗木尤其大苗中普遍存在严重的缺硼症状。根据桑托的土壤分析结果（1988年），土壤中的硼含量为6～8mg/kg，土壤中普遍缺硼（< 8mg/kg），与叶片正常硼含量水平15～25mg/kg相差7～19mg/kg（6年树龄，数据来自马来西亚的叶片养分含量结果）。

1. 缺素症状

主要症状有4种表现。一是叶片表面突出（图 4 - 194和图 4 - 195），二是叶尖向叶基成较大角度弯曲似钩状（图 4 - 196、图 4 - 197、图 4 - 198和图 4 - 199），三是叶缘似鱼骨架状（图 4 - 200和图 4 - 201），四是间距较宽的邻近对裂叶羽末端间有一条长并下垂的丝状纤维（图 4 - 202和图 4 - 203）。

图 4 - 194　缺硼（叶面突出）

图 4 - 195　缺硼（叶面突出）

图 4 - 196　缺硼（叶缘骨架状）

图 4 - 197　缺硼（叶缘骨架状）

图 4 - 198　缺硼（叶缘骨架状）

图 4 - 199　缺硼（叶缘骨架状）

图 4－200 缺硼（叶尖倒钩状）

图 4－201 缺硼（叶尖倒钩状）

图 4－202 缺硼（对裂羽叶间下垂纤维）

图 4－203 缺硼（对裂羽叶间下垂纤维）

2. 可能原因

珊瑚岩土壤渗水性好以及降雨量较大，土壤中的硼极易流失；珊瑚岩土壤有机质少，土壤有效硼少；硼在微酸或中性土壤中利用率最高，但珊瑚岩土壤碱性较高，珊瑚岩土壤中过多的钙使硼离子失活并降低了硼的可利用性等。防治方法：基施或喷施，国内生产的硼砂不易溶解和吸收，主要作为基肥使用，在多雨的条件下，其粉状的物理结构很容易随雨水流失。国外生产的速乐硼和持力硼含量高，其大颗粒的物理性状使其硼元素释放均匀、长效、不易随雨水流失的特点，适宜基施。

3. 施肥

大多数情况下，NPK复合肥加上微量元素或四苯基硼酸钠（Sodium

Tetraphenyl Boron）可防止缺硼的发生。按照土壤中缺硼7 ~ 19mg/kg即7 ~ 19 mg/kg或更多（因为土壤中的养分含量不完全运输到叶片中），因此，根据目前育苗袋装土量即小袋土重3 kg、中袋土重30 kg计算，每个小袋增施硼肥21 ~ 57 mg/年，每个大袋增施硼肥189 ~ 513 mg/年。

（二）缺钾与施肥

1. 缺素症状

局限于较老的叶片，叶片表面出现橘黄色斑点，叶片很少失绿或无失绿现象，叶脉仍为绿色，但严重时整个叶片变成红棕色（图 4 - 204和图 4 - 205）。与尾孢属叶斑病（*Cercospora leaf spot*）症状不同的是缺钾症状没有有严重的失绿现象和鲜艳的失绿晕。

2. 施肥

可用磷酸二氢钾300 ~ 500倍液叶面喷施。

图 4 - 204　缺钾症状（叶面）

图 4 - 205　缺钾症状（叶背）

（三）缺镁与施肥

1. 缺素症状

局限于较老的叶片，叶片失绿无光泽，叶面上最先出现散落的杏黄色的色点，严重时呈橙色（图 4 - 206和图 4 - 207）。

2. 施肥

可增施镁肥如硫酸镁7 ~ 14 g/株。

图 4 - 206 缺镁症状

图 4 - 207 缺镁症状

（四）缺氮与施肥

在小袋苗圃，部分第一批种苗（约4万株）叶片变黄（图 4 - 208），植株矮小（图 4 - 209），尤其下层叶片比较明显并伴有叶斑病（*Helminthosporium leaf spot*）（图 4 - 210），极少部分有鼠害（图 4 - 211）。

图 4 - 208 苗木变黄

图 4 - 209 黄化苗木比较矮小

图 4 - 210　下层叶片黄化（伴有叶斑病）

图 4 - 211　下层叶片黄化（茎干基部鼠害）

1. 症状

叶片颜色变得暗淡、浅绿色，严重时叶片颜色变成柠檬黄色。

2. 原因分析

（1）苗圃用地为废弃采石场，部分地块为珊瑚石铺垫、压实，苗木根系生长受到极大抑制，植株地上部分营养缺乏（如N素）变黄，植株矮小。

（2）苗木留袋时间过长，株距过密、拥挤，苗木生长空间受抑制，导致苗木生长矮小、变黄，并有可能诱发叶斑病或其他病害。

3. 解决办法

（1）对黄化苗木施用叶面肥。

（2）把黄化苗木移至含土层厚的地块并增加株距。

二、施肥与肥害防控技术

（一）施肥

1. 施肥依据

根据对现有苗圃苗木病虫害的调查和比较以及之前曹建华的工作经验，对现有苗圃苗木病虫害的主要种类进行了初步归类，对防治药物进行了选择，并估算出所需农药的数量，根据目前项目点相关药物的情况，做出是否购买的建议。从现有苗圃苗木病虫害的调查情况来看，小苗期苗木小，叶片数也少，而病虫害较多、较重，需要加强防治；大苗期苗木较大，叶片数较多，而病虫害较少、较轻，考虑到农药成本较高，可适当减少防治。因此，2007年购买的农药主要用于小苗期苗木的病虫害防治。目前，项目点有多种农药，有些药物能满足苗圃所需，有些则量少而不足，需要重新购买。2007年苗圃所需农药初步统计情况如下。

从2007年9月5日种子陆续发芽，至2008年1月，部分苗木苗龄达4个多月，叶片数达4片，但苗木矮小。根据育苗技术要求，决定对其进行施肥。由于没有叶面肥，没有喷施；考虑过采用对水稀释方法，但速度慢；采用点状（相对于环状施肥）干施法施肥速度快。之前天气干燥，在目前灌溉条件不充足的条件下是不宜采取干施的，最好是选在阴雨天。2008年1月8日前后正值连绵阴雨天，雨水比较频繁，因此决定施肥，以减少淋水难度。

2. 肥料种类及施肥量

目前，项目点没有叶面肥，施肥采用国内“施大壮复合肥”18：12：10，每株2～2.5 g，比较马来西亚和哥斯达黎加的施肥方法（表 4-9和表 4-10），施肥量是适宜的。马来西亚施肥（复合肥）参考比列为N：P：K：Mg = 14：13：9：2.5（表 4-9）：4月龄苗，每月两次，每株14g，每株每次7g；哥斯达黎加施肥（复合肥）参考比例为N：P：K：Mg = 14：12：20：6（表 4-10），4月苗龄，每月两次，每株20g，每株每次10g。

表 4-9　马来西亚油棕苗圃推荐施肥配方

苗木苗龄（月）	每月施肥次数	施肥量（g）/（株·次）	
		比例14:13:9:2.5	比列12:12:17:2
4	2	7	—
5	2	—	14
6	2	14	—
7	2	—	21
8	2	21	—
9	2	—	28
10	3	28	—
11	1	—	35
12	1	35	—
13	1	—	42
14	1	42	—

资料来源：Guide to the establishment and management of oil palm nurseries. February, 2007

表 4-10　哥斯达黎加油棕苗圃推荐施肥配方

苗木苗龄（月）	每月施肥次数	施肥量（g）/（株·次）
		14:12:20:6
3	2	6
4	2	10
5	2	12
6	2	15
7	2	16.5
8	2	18
9	2	20
10	2	25
11	2	30
12	2	30
13	2	30

资料来源：Guide to the establishment and management of oil palm nurseries. February, 2007

3. 施肥方法

用手抓取一小撮2～2.5 g，投放在袋缘处，在施肥过程中以不碰到叶片和茎干为原则。当时施肥的想法是：若施肥后遇大雨则不淋水；若施后无大雨，则第二天应淋苗，以防灼伤。

4. 施肥时间

2008年1月8日、9日上午。

5. 苗施肥量

7万株左右苗，用肥量为3袋计150 kg。

（二）肥害

1. 施肥烧苗情况

（1）2008年1月8日施两袋肥100 kg，施苗4万株。施后晚上遇雨，1月9日上午没有发现苗木出现灼伤现象，下午发现部分苗木叶片、枪叶有灼伤现象（图 4-212、图 4-213、图 4-214、图 4-215、图 4-216和图 4-217），因此，立即组织人员开始把留袋肥料移出并淋水，1月10日、11日、12日继续淋水，肥害得到控制。为防灼伤叶片和枪叶诱发病害，因此于1月14日开始剪取病叶。

（2）2008年1月9日上午施肥1袋50 kg，施苗3万株左右，施肥后即遇雨，苗木没有发生灼伤现象。

图 4－212　肥料灼伤

图 4－213　肥料灼伤

图 4－214　剪叶

图 4－215　剪叶

图 4－216　烧苗淋水后（1月11日摄）

图 4－217　苗木恢复现状（1月25日摄）

2. 出现烧苗的原因分析

（1）施肥过程中监督不到位，致肥料碰到叶片和茎干。

（2）施肥后特别是干施复合肥后，粗心大意，没有立即组织淋水。

3. 苗木损失情况

（1）没有出现死苗现象。

（2）由于采取了剪叶处理，对苗木叶片生长速度有一定影响。

（3）因烧苗加大了淋水力度，增加了剪叶费用6人次/d。

4. 个人责任

作为一名现场技术人员，当出现烧苗现象后，作者本人也感到很意外，但也很畏惧，虽然经过淋水后得到了控制，但从技术层面来说，是不应该的。

第七节　苗圃杂草类型及除草剂药害识别

一、苗圃主要杂草类型

2007年3月10日，对前期试验苗圃内的杂草种类进行了抽样调查，发现主要有茅草、牛筋草、鸭嘴草、露籽草、阔叶丰花草、香附子、飞机草、含羞草、马齿苋、清葙子、耳草、奥图草、二萼丰花草、空心莲子草以及其他暂不清楚名称的杂草（图4-218、图4-219、图4-220、图4-221、图4-222、图4-223、图4-224、图4-225、图4-226、图4-227、图4-228、图4-229、图4-230、图4-231、图4-232、图4-233、图4-234、图4-235、图4-236、图4-237、图4-238、图4-239、图4-240和图4-241）。

图4-218　苗圃地

图4-219　调查样块

图 4 - 220 茅草（*Imperata cylindrica*）

图 4 - 221 牛筋草（*Eleusine indica*）

图 4 - 222 鸭嘴草（*Ischaemum muticum*）

图 4 - 223 露籽草（*Ottochloa nodosa*）

图 4 - 224 阔叶丰花草（*Borreria latifolia*）

图 4 - 225 香附子（*Cyperus rotundus*）

图 4 - 226　飞机草（*Eupatorium odoratum* L.）

图 4 - 227　含羞草（*Mimosa pudica* L.）

图 4 - 228　马齿苋（*Portulaca oleracea* L.）

图 4 - 229　清葙子（*Celosia argentea* L.）

图 4 - 230　耳草（*Hedyotis auriclaria* L.）

图 4 - 231　奥图 草（*Ottochloa nodosa*）

图 4 - 232　空心莲子草（*Alternanthera philoxcroides*）

图 4 - 233　二萼丰花草（*Borreria repens*）

图 4 - 234　杂草（不明）

图 4 - 235　杂草（不明）

图 4 - 236　杂草（不明）

图 4 - 237　杂草（不明）

图 4－238　杂草（不明）

图 4－239　杂草（不明）

图 4－240　杂草（不明）

图 4－241　杂草（不明）

二、百草枯药害

在对前期油棕苗圃进行化学除草时，靠围栏边上的部分油棕苗在喷施百草枯时不小心喷到苗木了，其药害的主要表现症状是着药的叶片触杀性褪绿、坏死、干枯（图 4－242和图 4－243）。

图 4-242 百草枯药害

图 4-243 百草枯药害

三、2,4-D药害

在大苗育苗圃田间育抚管理期间，发现有一些植株受到了除草剂2,4-D的药害，可能是在借用苗圃地所在牧场内的喷雾器时，没有洗干净而使苗木受到危害。

1. 2,4-D药害症状

（1）只是枪叶和较嫩的叶片受影响；枪叶与较嫩的叶片融合后，出现长颈现象，并且基部膨大，同时从它们的基部开始向下往一边弯曲；随着苗木的生长，枪叶和较嫩的叶片均在其顶部开始分离，并在顶部出现两个叶翼（图 4-244、图 4-245和图 4-246）。

图 4-244 2,4-D药害症状

图 4-245 2,4-D药害症状

图 4-246 2,4-D药害症状

（2）枪叶生长快，但受上部融合的影响，阻碍了其向上生长和分离，使较嫩的叶片向一边弯曲，同时，枪叶中下部与较嫩叶片分离、弯曲的现象，甚至在枪叶中部或基部出现折断的现象（图 4 - 247、图 4 - 248、图 4 - 249和图 4 - 250）。

图 4 - 247　2,4 - D药害症状

图 4 - 248　2,4 - D药害症状

图 4 - 249　2,4 - D药害症状

图 4 - 250　2,4 - D药害症状

（3）枪叶与较嫩的叶片有的很难分离，有的可以分离；枪叶基部折断后，容易受到病菌的侵染而腐烂（图 4 - 251和图 4 - 252）。

图 4-251 2,4-D药害症状

图 4-252 2,4-D药害症状

2. 原因

可能在较早的时期（萌芽期），顶芽的生长和分裂既已经受到了抑制，从而使枪叶与较嫩的叶片出现融合现象；由于融合，枪叶和较嫩的叶片的基部粘合在一起，使枪叶未能展开，而较嫩叶片的中下部也未能展开；随着苗木的生长，特别是枪叶生长较快，由于受上部融合的抑制，枪叶基部膨大，或出现弯曲，使苗木向一边朝下弯曲；苗木的继续生长，将导致枪叶基部折断。

初步判断是有机内吸性除草剂（2,4-D）药害，新抽叶片受影响，中间叶片从基部开始融合在一起呈筒状并向一侧倾斜，叶簇生，叶片融合、扭曲变形，甚至叶片基部腐烂、顶芽坏死，直至整株苗木死亡（图 4-253、图 4-254、图 4-255、图 4-256、图 4-257和图 4-258）。

图 4-253 2,4-D药害症状

图 4-254 2,4-D药害症状

图 4-255　2,4-D药害症状

图 4-256　2,4-D药害症状

图 4-257　2,4-D药害症状

图 4-258　2,4-D药害症状

第八节　遮阳网危害症状识别

在苗圃地边角地带，遮阳网与苗木接触后容易灼伤叶片，叶片失绿，条带状，可见接触面有网孔状褐色斑块（图 4-259和图 4-260）。

图 4-259 遮阳网擦伤

图 4-260 遮阳网擦伤

第九节 油棕种植示范园建设技术

一、油棕种植园用地考察结果

为了解决土地问题，项目组配合瓦方做了大量的工作，对岛内的土地进行了深入考察，了解岛内土壤、植被、水源等情况，同时对桑托岛附近岛屿进行了油棕种植与培训工作的前期实地考察。

（一） Matevulu College、Monixil、Butmas 和 Fabon油棕园用地的考察结果

1. 考察人员

李大平、张希财、曾宪海、Mr Livo 和 Mr Deke 。

2. 考察日期

2007年3月16日、23日、26日和27日。

3. 考察结果

（1）Matevulu College。2007年3月16日上午，我们考察了Matevulu College所属用地，面积约68 hm^2，离市区约30km。交通比较便利，土地较为平整，离水源较近，但水源基本上为静水湖，据瓦方人员讲，水位不随季节变化而变化，最大的湖深2m左右，水量约2 000 m^3；地上有少量高大树木和椰树，其他植被以杂

草和灌木为主，开垦力度较小。此地可作为小苗和大苗苗圃用地，但对方提出的条件过于苛刻。

（2）Monixil。2007年3月23日上午，我们考察了Monixil地块，面积小于5 000 hm^2。此地路途遥远，往返至少2个多小时，道路窄小、坑洼；地势较高，坡度较大，地形起伏不定；土壤砂砾较多，地质较硬，土层较薄；植被茂盛，开垦力度大，有用木材少，以灌木和次生林为主；无水电供应。由于开垦力度大，木材利用率太低，难以用于油棕种植。

（3）Butmas。2007年3月26日上午，我们考察了Butmas地块，具体情况见下面所描述。

（4）Fabon。2007年3月27日上午，我们考察了Fabon地块，具体情况见下面所描述。

（二）Paleikulo和Port-Olry油棕园用地的考察结果

1. 考察人员

李大平、张希财、曾宪海、Mr Liang；李建国、李大平、张希财、曾宪海和Mr Deke。

2. 考察日期

2007年5月1日和28日。

3. 考察结果

（1）Paleikulo。2007年5月1日，我们考察了桑托岛商会梁会长所属土地，离市区约7 km，总面积1.8 hm^2，由4块面积为4 000～5 000 m^{2}的地块组成，存在问题主要是：地块小且分散，开垦力度仍较大；无水电。不宜用于苗圃地和油棕园。

（2）Port-Olry。2007年5月28日，我们考察了位于桑托岛东北部的两个地块即Port-Olry地区的名叫Kallen的地块（据称约1 000 hm^2）和Logate地区的名叫Reno Haling的地块（据称约2 500 hm^2），两地块海拔高度约200m，离市区约70km。Kallen庄园土地面积和土地属性较模糊，地形较复杂，土层较薄，道路较差，除椰园外，其他土地的开垦价值不高，无水电供应，但靠近村庄，生活条件较好。Reno Haling 庄园土地较平整，道路较好，但土层较薄，植被较多，开垦力度较大。

（三）Butmas和Tunumbokar油棕园用地的考察结果

1. 考察人员

李建国、李大平、张希财、曾宪海、Mr Livo和Mr Deke 。

2. 考察日期

2007年6月4日。

3. 考察结果

2007年6月4日14:00 ~ 17:00，我们考察了两个地方。

（1）Butmas。位于*Butmas*的土地（据称面积约1 000 hm^2），地主名叫Samuel，海拔高473 ~ 584 m（误差10 ~ 15 m，GPS定位结果），位置为东经167°00′、南纬15°20′。此地为丘陵高地，地形复杂，平地少，道路开在山顶上，路况较差，道路两边为坡地或为山腰地和山坡地，甚至为悬崖峭壁，开垦难度大，利用价值不高。

（2）Tunumbokar。位于Tunumbokar的土地（据称面积超过1 000 hm^2），地主名叫Tal，他住在名叫*Wananiang*的村庄里，此地为盆地，四周为海拔比较高的丘陵高地，盆地海拔较高为336 ~ 370 m（误差8 ~ 12 m，GPS定位结果），位置为东经166°85′ ~ 167°00′、南纬15°18.5′ ~ 15°19.7′。此地地下水位较高，并有小河从村庄边流过，水流较急，河床约4 m宽；平整，土层深厚，达1 ~ 2 m深，土壤肥沃，为森林褐色土壤，土壤疏松透气，略带粉状，干旱季节土壤可能易于板结。通往此地的道路较好，土地肥沃且平整，有水源，开垦较为便利，但无电力供应。

（四）Tulenbo、Fabon 和Vartc 油棕园用地的考察结果

1. 考察人员

李建国、李大平、张希财、曾宪海、Mr Livo 和 Mr Deke 。

2. 考察日期

2007年6月5日。

3. 考察结果

2007年6月5日9:00～16:00，我们考察了位于桑托岛Fanavo 地区的Tulenbo 和Fabon 两个地块和东南部的Vartc 试验用地。

（1）Tulenbo。距离市区约25km，面积约130 hm^2，属于林业用地（林业站），位置为东经167°06′93″、南纬15°22′31″，海拔高168 m（误差15 m，GPS定位结果）。此地土壤肥沃，土层较深，土地平整，地上植被较多，且树木大多为攀援植物缠绕，但大树较少，此外，交通方便，路况较好，但水电暂无供应。由于此地缺水源，作为苗圃用地不太理想，但作为油棕种植示范园很理想。

（2）Fabon。距离市区约35 km，面积约1 000 hm^2，属于私人用地，地主名叫 Loror，位置为东经167°06′61″、南纬15°25′56″，海拔高149m（误差8m，GPS定位结果）。此地土壤肥沃，土层较深，地形稍有起伏，旁边有河流（UNELCO公司在此地筑有蓄水坝发电）经过，暂无电力供应；地上植被茂盛，开垦力度大，且道路为UNELCO公司所有，需开路开发油棕园。因此，此地块不宜用作苗圃地或油棕园。

（3）Vartc。距离市区约10km，面积约40hm^2，属于瓦努阿图农业技术研究中心所有，位置为东经167°12′48″、南纬15°26′92″，海拔高40 m（误差16m，GPS定位结果）。此地为科研用地，土地平整，土层较深，此地目前空闲，除作为牧场外，地上无其他植被。此外，此地交通方便，水源较充足，有电力和住房提供，有围栏。因此，不但可减轻开垦力度，而且可节约生产成本，且与研究中心相邻，可加强技术方面的交流以及提高示范效果，但目前还未与其进行土地租用的协商，此地可满足大苗苗圃用地。

（五）Malo岛油棕园用地的考察结果

1. 考察人员

李建国、李大平、张希财、曾宪海和Mr Livo。

2.考察日期

2007年6月6日。

3. 考察结果

2007年6月6日9:00～15:00，我们考察了Malo岛的NCK椰子种植园，面积

1 000hm^2，其中400hm^{2}位于100m高的山顶（椰园行间多为草本科植物，灌木很少），600hm^{2}位于山脚下的NCK办公室的周围（椰园行间以杂草为主，高大的草本科植物和灌木很少）。NCK距离市区约19km，其中海上航程约3.7km。

（1）行程路线。从办公室出发，乘车到南桑托的Noneban小码头，然后坐小艇约25min即可到达Malo岛的Sanaboe的小码头（东经167°06′45″、南纬15°37′90″，海拔高8m，误差5m），在当地找车前往NCK办公室（东经167°11′65″、南纬15°37′82″，海拔高6m，误差17m），约13km的路程，到达后再转往距离NCK约1.6 km的位于Asulela的水源处（东经167°10′86″、南纬15°38′14″，海拔高20m，误差75m）调查，之后转回NCK办公室，由场长Joinset带路，前往位于山顶的椰园（东经167°11′59″、南纬15°38′53″，海拔高110m，误差16m），之后原路返回。

（2）考察结果。前往NCK椰园的陆路较差，水上交通也欠缺；有水源但无电力供应；平常风较大；椰园地势平坦，土壤肥沃，为砖红壤或黑土，土壤结构呈粉黏状（Silty Clay Loam），土层深厚，可达1 ~ 1.5m；高大植被少，开垦力度不大。从自然生长条件来看，适宜油棕生长，但由于陆路和水路交通欠缺，不利油棕后续产业的发展。

二、油棕种植示范园建设技术

虽然考察了很多可能的油棕种植园用地，但仍然未能在短期内落实，由此，为树立典范，并作为培训基地和实际操作培训场所，最后经华侨黄志诚先生同意，在其牧场内建立了2hm^{2}的油棕种植示范园，并对当地人进行种植技术现场培训和指导（图 4-261、图 4-262、图 4-263、图 4-264、图 4-265、图 4-266、图 4-267、图 4-268、图 4-269、图 4-270、图 4-271、图 4-272、图 4-273和图 4-274、图 4-275和图 4-276）。

图 4 - 261　挖穴

图 4 - 262　装苗

图 4 - 263　装苗

图 4 - 264　装苗

图 4 - 265　把苗木运至种植位置

图 4 - 266　定植前讲解种植技术要点

图 4 - 267　挖穴

图 4 - 268　剥去育苗袋

图 4 - 269　放入植穴

图 4 - 270　回土

图 4 - 271　分层压实

图 4 - 272　修筑根盘

图 4－273　种植现场

图 4－274　种植现场

图 4－275　种植现场

图 4－276　种植后苗木

第十节　技术培训

在瓦努阿图开展的技术培训形式多样，主要有两种，一是在育苗过程中对育苗工人进行技术指导，二是通过集中办班的形式进行技术培训。

一、现场指导

包括播种技术、播后管理、移栽、换袋、装袋、病虫害防治以及灌溉等［图 4－277（a）、图 4－277（b）、图 4－278和图 4－279］。

(a)

(b)

图 4-277　小苗育苗指导

图 4-278　大苗育苗指导

图 4-279　苗木上山定植指导

二、课堂培训

（一）准备工作

1. 中瓦双方重视

棕榈树种植技术培训班的举行，是项目合同内容的一项重要组成部分。目前，项目育苗任务基本完成，并建立了面积较小的种植园，技术培训班的举行无疑会给瓦努阿图油棕产业的后续发展起到积极的推动作用。为此，中瓦双方领导对此都极为重视。可以说，培训班的成功举办是在中瓦双方有关部门领导的支持与配合下取得的结果。

2. 经费保证，组织得力，准备充分、安排周全

经费保证是办好培训班的前提。虽然此次培训的时间较短，但由于学员较

多，培训经费相应增加，中方上级有关部门根据之前拟定的经费预算计划及时做出了调整。项目组根据中方拟定的经费预算和用途，结合瓦努阿图当地的实际情况，在听取瓦方意见的基础上，积极组织，认真准备，从培训教材、培训器材，从学员的学习用品到学员的用餐等都进行了周全的计划与安排。同时，瓦方在联系培训场地、学员的召集以及协助中方技术人员完成培训任务等也都做了大量的工作。

（二）培训工作

根据中瓦两国政府所达成的项目协议要求和项目生产计划，经过中瓦双方有关部门的共同协商，于2008年9月15日、18日、19日和20日，在项目所在地桑托岛举办了为期4天的援瓦油棕项目技术培训班。授课人员以中国热带农业科学院橡胶研究所派遣的2名技术人员（曾宪海和张希财）为主。

考虑到土地所有属性即绝大数土地为当地的土著人所有，以及土著人参与油棕种植的可能性，结合本地油棕最适宜区的选择，培训地点选择在农村，培训对象主要针对农民。

1. 培训方式

培训采取多点集中培训的方式，即在桑托岛的4个油棕最适宜种植区：南部的Ebenezer、Tanovus地区以及北部的Hogharbour、Port Orly地区分别进行集中培训。

2. 培训时间

培训时间分为4d 进行。2007年9月15日（Ebenezer）、18日（Tanovus）、19日（Hogharbour）和20日（Port Orly），每个培训点授课1d。

3. 培训对象和人数

培训对象以培训点及其周边农村的农民为主；培训总人数达200人，其中，每个培训点的培训人数为40 ~ 60人。由于当地人们的参与热情很高，很多妇女、学生也都参与旁听，因此，实际听课的人数要高得多。

4. 培训内容

培训教材准备充分，培训内容丰富多彩，贯穿了育苗、大田种植和管理、采收和运输以及棕榈油的加工与贸易等。

在开始培训前，由瓦方项目官员对油棕项目做简要的介绍，并以所罗门群岛发展油棕产业的成功经验来引证其在瓦努阿图的借鉴意义。

在培训过程中，针对培训对象以农民为主以及当地语言复杂多样的特点，在授课过程中抓住育苗生产和大田种植管理这两个重点，以实用技术为主，通过展示大量的图形、图片，使讲解通俗易懂，而技术操作又简单、实用。在育苗方面，主要以图片形式展示育苗过程；而在大田种植管理方面，主要介绍了“零焚烧”土地开垦技术、幼龄油棕园间作和成龄油棕园畜牧养殖技术以及采收要求等；在讲解棕榈油时，集中把人们的注意力集中在现实生活中的棕榈油产品及其用途上；在讲解棕榈油的消费市场时，与其他产油作物比较，着重讲解棕榈油的“三高”：即高生产力、高消费需求和高价格竞争力，让瓦努阿图的人们最终明白：种植油棕是有高效益回报的。

培训结束后，瓦方项目官员对未来瓦努阿图油棕产业的发展方向提出了一些设想，并向学员们推荐了几种参与油棕种植的途径。

5. 培训效果

在中瓦双方的共同努力下，技术培训工作取得了圆满的成功，收到了良好的效果[图 4-280、图 4-281、图 4-282（a）、图 4-282（b）、图 4-283（a）、图 4-283（b）、图 4-284（a）、图 4-284（b）、图 4-285（a）、图 4-285（b）]。很多人慕名而来，参与热情非常高，参与人数也大增；培训后，学员们表示：培训课让他们重新认识了油棕，不但学到了很多有用的实用技术，而且对棕榈油的用途和油棕产业的前景抱有很大的兴趣和期望。

图 4-280 瓦努阿图 国家林业局局长Livo先生做培训前动员讲话

图 4-281 桑马省林业局局长Dike先生做培训前动员讲话

（a）　　（b）

图 4－282　Ebenezer社区培训（2008年9月15日）

（a）　　（b）

图 4－283　Tanovus社区培训（2008年9月18日）

（a）　　（b）

图 4－284　Hogharbour社区培训（2008年9月19日）

（a）

（b）

图 4 - 285　Port　Orly社区培训（2008年9月20日）

第十一节　项目主要技术成果

一、育苗

经过2年努力，在种子种苗繁育等方面取得了一些成果（表 4-11）。

表 4-11　项目育苗成果

编号	种苗类型	种苗状况	数量（粒/株）	备注
1	新鲜种子	沙床催芽	120 000粒	/
2	新鲜种子	沙床催芽	358 300粒	/
3	小袋育苗	仍留待苗圃	40 000株	适宜于大田定植
4	小袋育苗	仍留待苗圃	170 000株	适宜于大田定植
5	大袋育苗	仍留待苗圃	55 000株	适宜于大田定植
6	大田苗	24 ~ 28个月苗龄	240株	已大田定植
7	大田苗	仍留待苗圃	560株	适宜于大田定植
合计 ①种子：478 300粒；②种苗：265 800株。				

二、培训与指导

在桑托岛举办了4期油棕种植技术培训班，培训总人数达200人，并在生产实践中开展了大量的现场技术指导。

三、示范园建设与指导

在桑托岛建设了小规模的油棕种植示范园，并在建园过程中开展了现场技术培训。

第五章 飓风对油棕种植的影响

第一节 争论

每年夏季，是南太平洋岛国的飓风高发季节，包括瓦努阿图在内的西南太平洋群岛是飓风必经路径，风速通常达17 m/s以上。瓦努阿图每年都有2～3次飓风，最频繁的是1～2月期间。据统计，瓦努阿图及其海域通常平均每10年有20～30次飓风，其中的3～5次造成比较严重的破坏。飓风经常飘忽不定，很难预测，但通常作抛物线向南方运动至南纬21°～25°的东部，由于瓦努阿图从北向南排列的地理特点，因此，每次飓风的到来都会受到不同程度的影响。

Marc Neil－Jones在2007年7月12日出版的《每日邮报》中头版头条发表了题为《1万公顷的森林将要在政府的油棕项目中消失》的文章，其内容主要从热带飓风对油棕产量的影响，土地开垦、棕榈油加工厂建设和石油化工产品使用对生态环境的破坏，中方对协议的不履行，瓦方在协议中的不平等现象等6个方面对中国援瓦油棕种植技术合作项目提出质疑，认为根据瓦努阿图以前的油棕种植经验，强热带飓风会对油棕产量产生致命的打击，甚至颗粒无收，因此，在瓦努阿图不宜种植，并援引财经顾问的话说，政府不应拿一分钱来支持已经证明行不通的项目。

但是，按照1948—1985年Santo岛受飓风影响的记录，以Marc Neil－Jones所说的1972年2月2日的Wendy飓风危害最大，达148km/h，而其他年份的风害较小，60～100km/h。同时，根据Marc Neil－Jones提供的数据（表 5-1），1969年从象牙海岸引种定植的10个油棕品种，定植3年后的1972年即开始开花并结果，而在1972—1975年的飓风发生后的3年里，油棕产量从最初的8 t逐渐恢复至20 t，并在4年后的1976年达到28 t，之后，经过1979年的Gordon飓风后，当年的产量只有14t，而1980年后却急剧下降到6t。通过作者的分析，油棕在定植3年后即开始结果，表明其在当地的生长和产量都不错，而恢复1年后的1974年，也就是定植后的第5年产量即达到8t，而在恢复2年后的1975年，也就是定植后的第6年产量即达到20t，而在定植后的第7年产量达28t。这些数据表明，油棕在当地的生长和产量表现都很好，即使受到风害后，其产量水平仍然能较快得到恢复（表5－1）。

表5－1 油棕树风害后的产量恢复表现

年份	1969年	1972年	1973—1975年	1976年	1979年	1980年
植后年份	0	3年（风害较大）	4～6年	7年	8年（风害较小）	9年
产量（t）	0	—	8～20	28	14	6

注：Marc Neil － Jones提供的数据

根据马来西亚和中国的研究结果，即使油棕园受到严重的风害，其产量水平也通常在当年和第2年受到影响，而在风害后的第3年开始，产量即恢复至正常或很高的水平。

第二节 “Funa”飓风的风害调查情况

2008年1月16—18日，桑托岛迎来了本年度的第一场飓风“Funa”，风力每小时100～110km，比2007年3月27日的“Becky”飓风要强，飓风在瓦努阿图桑托岛西部太平洋面形成并向东南方向从桑托岛北部横扫而过（图 5－1），1月17日在项目点Lugavilla产生比较明显的影响（图 5－2、图 5－3、图 5－4、图 5－5、图 5－6和图 5－7）。1月20日，陪同南京林业大学的几位教授从项目点去北部的Big Bay（U形弯点）的途中，发现岛中部受到的影响与项目点相差无几，至于北部的Big Bay（U形两直边）的风害情况未做调查。与2007年的“Becky”飓风不同的是，此次飓风不仅带来大风，并伴有大雨，且持续时间较长。

从风害的影响情况来看，这次飓风具有较强的破坏性并因不同作物而异：①在华侨黄先生农场，开展了椰树、路边树木、高大杂草的风害调查，调查结果是，椰树新、老叶片有吹落现象，有部分枯老的和健康的椰树整株从基部吹倒；路边的树木有折断；路边的高大杂草也有倒伏；②在项目点住处，也开展了香蕉和树木的风害调查，调查结果发现，香蕉茎干折断、倒伏；树木有折枝现象；③在去北部Big Bay的路上，岛中部的椰园与华侨黄先生农场的风害情况相似；④但在北部Big Bay却没有发现风害现象；⑤项目点周边的油棕树，在飓风过后没有出现落果、吹断叶片、折干、倒伏的现象，但存在裂叶现象。

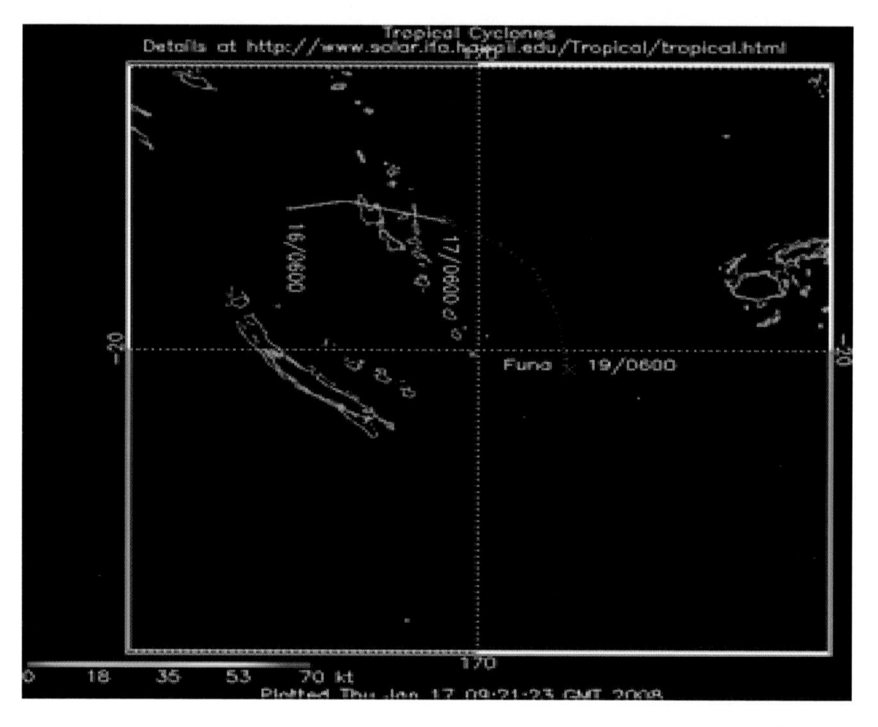

图 5-1　Funa风暴移动路径

从1月17日和1月20日的风害调查情况来看，香蕉、椰子、旱稻以及其他高大的木本植物均有不同程度的受害，如椰树叶片吹断、茎干折断、倒伏（图 5-2和图 5-3），香蕉茎干折断、倒伏（图 5-4），旱稻和高大杂草倒伏（图 5-5），树木折枝、断干（图 5-6和图 5-7）等。对于椰园，除了枯老椰树有倒伏、断干外，健康的椰树也有倒伏现象（图 5-3）。

此次风害调查，在一定程度上再次验证了在桑托岛择地种植油棕是可行的。此外，在此次飓风来临之前，我们没有对现有油棕苗圃中的苗木采取了任何防风措施，但风灾过后，无论是小苗还是大苗均没有受到影响（图 5-8和图 5-9）。

图 5 - 2 椰树叶片断裂

图 5 - 3 椰树吹倒、断干

图 5 - 4 香蕉断干、倒伏

图 5 - 5 路边杂草吹倒伏

图 5 - 6 树木断枝

图 5 - 7 树木断干

图 5 - 8　检查育苗设施风害情况

图 5 - 9　扶正和加固遮阴棚

此外，从飓风“Funa”的移动路径看，2008年1月16—18日，飓风“Funa”从桑托岛北部横过并有可能对桑托岛东北部重镇 Port Orly 造成影响。2008年2月8日，遵照项目组领导的指示，项目组全体人员对桑托岛东北部重镇 Port Orly 的风害情况进行调研。到达 Port Orly后，我们先与约好的农场主 Kewen先生进行了了解，并希望他能带我们到受灾地区查看，但了解情况与其之前说的并不一致。Kewen先生介绍说，飓风期间海面并无起浪，房屋并没有掀顶，也没有其他作物的灾害损失，就连他自己的处在山坡上的椰园也没有受到影响现象。可见 Port Orly地区并没有受到这次飓风Funa的影响，但在 Port Orly附近的椰园我们还是发现了部分椰树有受害现象，如椰树叶片吹落（图 5 - 10）、椰树吹倒（图5 - 11），并有可能诱发病害的发生（图 5 - 12）。

图 5 - 10　椰子树叶片被风吹落

图 5 - 11　椰子树被风吹倒

图 5 - 12　椰子树叶片上的橘黄色斑点

质疑与回应

瓦努阿图在1980年7月30日独立之前为英国和法国共管殖民地，独立后英国和法国的政治、经济、文化宗教以及新闻舆论自由等的影响在当地仍然根深蒂固，对其他国家的农业和海洋开发等项目高度关注，甚至通过非政府组织和报刊等舆论进行干扰，由此，项目组成员在瓦努阿图的一举一动必须小心谨慎，项目的实施必须考虑如何尽量减少对环境破坏的措施（如尽量少喷除草剂等），当然，除了要完成好项目任务外，对他们的质疑也必须以比较专业的解释有理有节地给予回应。

第一节　关于对质疑“中国援建的开发项目将给瓦带来环境和人道灾难”的回应

经济学倡议联盟及非政府组织院外游说团在南太平洋岛国瓦努阿图发表致中国政府的公开信，表达了对2个中国援助项目的深切关注，即在桑托岛种植油棕和在维拉海滨进行渔业加工。经济学倡议联盟质疑中国援建桑托油棕种植项目的原因有以下几个方面。

一、质疑之一

20世纪60年代，法国的油料植物研究所曾在桑托进行过试验，证明油棕根本不适合在瓦努阿图种植，即油棕根本不能抵御暴风。因此，20世纪70年代停止了所有试验种植，这证明一场暴风或暴雨就能结束这一项目。另有声称这一项目有防暴风措施，这是完全不正确的，至今尚未有防暴风的油棕。

回应：从总体上说，油棕喜欢静风或少风环境，但事实上油棕是比较抗风的植物。如观察表明，当风力达9～11级时，在没有防护林的条件下大部分（88.5%）小叶撕裂，大叶断折，并且有随株龄增加而递增的趋势。小叶撕裂和大叶折断会影响植物生长、开花和结果及出油率。对2005年9月遭达维（Demrey）袭击后的在中国海南（北纬18°~20°）油棕园调查观察表明，在无防风林的情况下，当台风达11级时，油棕植株不倒伏。其抗风能力与椰子树的相当，事实上油棕的别名称“油椰子”。当然，如果风力太大，油棕也会和其他树木如椰子树一样出现倒伏或折断。但根据桑托岛现有的气象记录，大于12级风力的台风出现的频率大概是30年1次，因此可以说，种植油棕遭遇重大风害的风险是比较小的。事实上，如果发生了强台风，也不只是油棕，其他作物也将一样发生风害。考虑到存在风害风险，在建油棕园时应积极采用抗风栽培措施，如适当选用矮生品种，增加防护林建设等，也可在一定程度上进一步降低风害风险。目前，在南太平洋岛国的索罗门群岛等国也有油棕商业性栽培。在瓦努阿图桑托岛上亦发现有少量油棕分布，并能开花结果，其中，在桑托岛东部的香槟海滩附近的Hog Harbourg村，一位村民院子里的一棵5~6龄油棕已开花结果2~3年。

二、质疑之二

在1977年做出的可行性研究报告中确定，油棕不能增强瓦努阿图的经济，瓦努阿图的主要出口产品是椰干，在世界市场上棕榈油和椰子油价格日趋一致，油棕项目动摇依赖椰干的瓦努阿图经济，将使瓦努阿图一无所获，并将继续受高度波动的椰干价格的影响。

回应：一是从经济安全性而言，多元经济是比较安全的。椰干在瓦努阿图经济中占有重要地位，对瓦努阿图经济作出了重要贡献。但一旦椰子发生毁灭性病虫害或市场大波动等其他致命性灾难，那么对瓦努阿图经济也将产生很大打击。事实上，由于油棕科研进步快、单产高，在单价上具有优势，除了椰子油有一些比较特殊的用途外，部分市场已被棕榈油产品替代，椰子生产发展甚至生存的空间已经很小，世界油料产业发展的趋势必然左右瓦努阿图的椰干生产，况且现有椰林已到了老化更新的年龄，想单方维护椰干市场可行性很小，更何况瓦努阿图占有世界椰子油的市场份额很小。因此，从产业结构多元化发展或发展替代产业的角度说，发展油棕产业也是十分必要的。二是油棕是“世界油王”，单产高、质量优、单价低而市场潜力大，是目前最具竞争力热带油料作物。目前，全世界油棕单产约3.7 t/hm^2，比椰子油高出一倍以上，而棕榈油单价低于菜籽油，全世界消费量达3 000多万t，仅中国年消费量达数百万吨。因此，利用政府和私人闲置土地、荒地和部分老残椰子园发展油棕生产，将大幅提高瓦努阿图单位面积土地生产能力，进而提高单位面积土地生产效益，给瓦努阿图带来巨大的财富，大幅提高当地的经济水平。

三、质疑之三

油棕适合于赤道附近地区，但不适合偏离赤道稍远的纬度地区，种植油棕离赤道越远，季节性产量差异越大。瓦努阿图位于南纬15°，与赤道地区相比，在瓦努阿图种植油棕结果的时间长，其结果是中方承诺援助的棕榈油工厂将在产量高峰时生产，而其他时间开工不足。

回应：根据已有实验结果看，油棕在北纬19°种植，初开花结果期比赤道地区慢些外，其他生长表现没有或没有明显的差异。在瓦努阿图桑托岛，除有偶发性大风外，气候条件能满足油棕正常开花结果的需要，季节性生产间歇时间不会明显长于主产国。事实上，油棕收获期会受栽培措施影响，可以通过栽培措施适当调整或延长收获期。而工厂开工足和不足，主要看种植面积大小和单产高低。

四、质疑之四

大约1万～1.5万hm^2林地将因油棕项目遭致不必要的清除，并因水土流失招致土地损失。有商业活力的油棕项目需要1万～1.5万hm^2的油棕园。考虑到油棕不适合瓦努阿图，以及不必要的大片林地清理，不如将林地保持自然状态或用于更合适的农业用途。

回应：按照原来计划，油棕项目用地主要是那些早已开发多年的土地，包括荒地、休闲地和部分老殘椰子园等。这些土地上已经没有像样的森林，毁林事件是发生在许多许多年前的事情。当然，即使开垦荒地也会引进一些水土流失，这与发展其他作物生产是一样的。在油棕园一旦建成后，油棕园的林草覆盖度大于椰子园，因此至少有与椰子园相似的生态效益。然而，由于油棕生产具有更高的经济效益，利用闲置土地发展油棕生产对于提升瓦努阿图经济具有更重要的作用，因此，为了桑托农民增收，瓦努阿图的经济发展，不应坐失良机。

五、质疑之五

1 500名工人及其家庭将因油棕项目失去土地和工作，油棕开发是大项目，需要至少1 500名全职工人，油棕项目的开发将吸引当地自给自足的小农及其家庭加入，当项目如预期般失败，瓦努阿图将面临这些工人及其家人的重新安置和重新融入社会，由于农业政策失败带来的信心丧失以及回归农业生产的困难，这些人将成为城市新居民。

回应：鉴于瓦努阿图桑托岛良好的自然条件和中国的援助，如果没有其他阻力或干扰，油棕项目是必然成功的。它成功不但直接繁荣当地经济，而且将传播先进的农业生产技术文明；不但参与项目建设的员工能享受到富裕日子，而且更多的人能享受技术进步文明。这种决策选择，比那些将农民长期困在偏僻山村，使他们远离现代文明，不能融入现代社会，致使整个社会发展落后的想法和做法要善良得多，要高明得多。

六、质疑之六

油棕项目的必然失败将使得瓦浪费有限的资源，和种植本地的更有经济价值作物的机会，瓦有更适合的本地气候、环境的抗暴风高价值作物。

回应：目前在瓦努阿图有比较优势的作物大概就是椰子和卡瓦了。然而这些作物的市场潜力是十分有限的，多少年来都没有突破性发展。当然，瓦努阿图可能还有其他植物种质资源值得开发，但其规模化生产是在遥远的未来。瓦努阿图特别是桑托农民没有必要守着大量闲置土地期待看不见的“更有经济价值的机会”而忍受无期的贫困。合理开发利用闲置土地，建设桑托岛1.5万hm^2油棕园，是桑托农民增收，增强瓦努阿图经济的重大机遇和举措。

第二节　关于对报道《10 000 hm^2 Tree to disappear in govt oil palm deal (Resource: Marc Neil – Jones. Thursday, July 12, 2007 Daily Post)》的回应

一、质疑

Marc Neil － Jones在7月12日出版的《每日邮报》中头版头条发表了题为《1万公顷的森林将要在政府的油棕项目中消失》的文章，其内容主要从热带飓风对油棕产量的影响，土地开垦、棕榈油加工厂建设和石油化工产品使用对生态环境的破坏，中方对协议的不履行，瓦方在协议中的不平等现象等几个方面对中国援瓦油棕种植技术合作项目提出质疑。

1. 热带飓风对油棕产量的影响

认为根据瓦努阿图油棕种植经验，强热带飓风会对油棕产量产生致命的打击，甚至颗粒无收，因此在瓦努阿图不宜种植，并援引财经顾问的话说：政府不应拿一分钱来支持已经证明行不通的项目。

2. 土地开垦对生态系统的破坏

认为大面积的土地开垦减少了生物多样性，破坏了森林生态系统，影响了当地人民以此为生的生活来源。

3. 棕榈油加工厂对环境的污染

认为棕榈油加工厂建成投产后将产生大量的固态油垃圾、纤维以及仁壳、水和残余脂肪的污染物，从而破坏当地的自然环境，特别是水污染。

4. 石油化工产品对环境的影响

认为油棕种植管理中使用大量的石油化工产品如肥料、杀虫剂和除草剂，不但污染水资源，而且加剧了温室气体效应。并说种植油棕会永久破坏土壤，使土壤养分流失而不能再种植其他作物。

5. 中方没有遵守瓦努阿图外商投资协定（VIPA）

认为中方没有遵守VIPA协定中的部分条款如没有交纳外籍用工费、暂住费；没有银行账户（50 000美元）；没有重新办理2006年度的VIPA执照。

6. 中瓦双方的合作存在不平等现象

（1）认为中方从油棕项目中可以得到双重利益。砍伐森林后，不但木材可以运到中国，而且土地又可以种植油棕。把中国与其他亚太国家的关系比作是油棕与森林的关系，即以原材料需求为目的的中国与以牺牲环境为代价的亚太地区的这种“共生关系”。

（2）认为根据中瓦双方合作协议，中方控股的公司（CMEC）将投资达4 300万美元，而作为协议另一方的瓦努阿图政府将购买10 000hm^{2}的土地供CMEC使用，CMEC在砍伐森林后，不但可以出口木材到中国，又可以同时发展油棕产业，而却不用交纳任何的税费。

（3）提醒瓦努阿图财政部有必要彻底分析一下瓦方所承担的代价，并认为瓦努阿图农业部提出的1 000 000瓦图项目经费（瓦努阿图货币“瓦图”，用于购买土地、建设道路和水电等）、瓦努阿图提供本就有限的土地以及其他的非预算合法要求是不能接受的。

二、回应

针对以上报道和质疑，项目组从技术角度提出了针对性的回复。

1. 关于质疑“热带飓风对油棕产量的影响”的回应

桑托岛为热带雨林地区，地处季风气候，雨量丰富且比较均匀、热量和日照充足，土壤比较肥沃，从自然条件来看能够满足油棕树的生长需要，但平常风速较大，并偶有飓风和地震发生。按照1948年至1985年桑托岛受飓风影响的记录，总共形成了18次，平均每两年1次，个别年份1～3次，分别发生在每年的12月或1～4月，风力每小时63～148km，其中，以1972年2月2日的“Wendy”飓风危害最大，达148km/h，而其他年份的风害较小，约60～100km/h。风害对油棕树生长和产量的影响因风害强度和形式而异。抗风栽培措施有：在常风比较大的地区，在规划油棕种植园时，通常会按照技术要求在其主风方向或靠近沿海一侧设置防风林带；选择比较矮化的油棕品种；在风害发生前后，可以采取抗风和风后补救办法来减少或尽快恢复油棕树的生长。

2007年3月27日，桑托岛迎来了本年度的第一场飓风“Becky”，风力每小时80～85km，飓风在瓦努阿图西北部形成并向东南方向移动，因此对瓦努阿图北部的Torres和Banks岛影响较大，对桑托岛以及附近岛屿如Malekula、Pentecost、Ambrym的影响较小。从项目所在地桑托岛鲁干维尔市来看，此次飓风主要是阵风影响，并没有伴随大雨，风力在27日17:00左右开始逐渐加强，21:00左右以后逐渐减弱。从风害的影响情况来看，这次飓风具有一定程度的破坏性并因不同作物而异，总的来看，其受害部位主要集中在枝叶上。从28日上午的风害调查情况来看，木瓜、香蕉、野生油棕、椰子、芒果、“凤凰木”以及其他高大的木本植物均有不同程度的受害，如木瓜断叶、香蕉折干、油棕裂叶、芒果和“凤凰木”以及其他的高大乔木断枝并有少部分折干等。我们还对椰子园作了较详细的调查，对不同树龄的椰园，其伤害程度不一，老椰园较重，新椰园伤害较小，老椰园（高20m以上）主要表现在从树头基部折断，部分椰树从茎干中部折断或整片叶吹断；新椰园（高10m以下）主要表现在整片叶吹断，没有发现茎干折断、倒伏等现象。

此次风害调查，在一定程度上验证了桑托岛种植油棕是可行的，虽然此次飓风过后野生油棕树并没有断叶、折干、倒伏现象，但裂叶现象还是有的，这对油棕树的树冠以及光合作用效率有影响，但对油棕树的生长和产果的影响有多大目前还无法得知。在此次飓风来临之前，我们还对现有油棕苗圃中的苗木采取了适当的防风措施，风灾过后，苗木没有受到影响，效果很好，如对小袋苗采取集中摆放并在周围堆沙加固，对大袋苗采取加土压实办法。

2. 关于质疑“土地开垦对生态系统的破坏”的回应

发展油棕产业并没有破坏生态平衡，同时，还可以增加更多的经济收益。油棕是一种长期作物，非生产期长达3～4年，利用油棕树的生长特性，在油棕园行间种植短期和长期的经济作物，通过长短结合，以短养长，从而达到减少生产成本、增加农民收入的良好经济效益。在幼龄期（0～3年）油棕园可种植甘蔗、玉米、香蕉、生姜、木瓜、番茄、菠萝、芋头、西瓜等；在成龄期（4～9年）油棕园可种植柚木、白藤等，也可从事畜牧业如养羊、牛、鸡和鹿等。

3. 关于质疑“石油化工产品对环境的影响”的回应

油棕树全身是宝，通过对油棕树的综合和循环利用，可以变废为宝并可大大减少污染渠道和程度。未来棕榈油加工厂的建设将在征询技术和环境专家的基础上，并按照当地的国家法律和环保要求标准而规划建设的，因此棕榈油加工厂的污染将会得到有效的控制并降低到最小。

4. 关于质疑“棕榈油加工厂对环境的污染”的回应

油棕园在种植管理过程中根据土壤和油棕树的营养状况进行配方施肥，不会掠夺土壤或其他植物的养分，此外，田间管理中使用除草剂和使用杀虫剂，那是现代农业的普遍特征，而且现代农业生产中我们更多地采用非传导性的对土壤无害或低毒的农药，只要使用过程中注意操作，不会对人类、土壤和环境造成任何破坏。

第七章

油棕在当地引种试种取得初步成功

2014年11月9—19日，应瓦努阿图棕榈油有限公司的邀请，中国热带农业科学院橡胶研究所黄华孙所长、林位夫副所长、范高俊主任、曾宪海副研究员、谭海燕实验师一行5人，对前期由中国热带农业科学院橡胶研究所承担技术指导任务的援瓦努阿图棕榈树种植技术合作项目的实施情况进行了实地考察［图7－1（a）、图7－1（b）、图7－2（a）、图7－2（b）、图7－3（a）、图7－3（b）、图7－4（a）、图7－4（b）］。据初步调查发现，于2008—2010年定植的油棕树生长旺盛、普遍开花结果、单株结果穗数达11～30串、单果穗重达10～35kg，估计单位面积鲜果穗产量可达3t/（667m^2·年），按20%出油率计算，亩产毛棕榈油可达600kg/年，远超出世界平均单产水平，我国境外油棕引种试种取得重要成果。

中国热带农业科学院橡胶研究所在前期援瓦努阿图棕榈树种植技术合作项目中主要承担油棕引种、种苗培育、种植示范园建设以及相关技术培训等任务，目前，该所仍有1名专家在当地开展油棕种植管理与推广等工作。

本次考察地点为瓦努阿图桑托岛的2个油棕种植园，一个是位于南部卢甘维尔市附近牧场内油棕试种园（以下简称油棕试种园），另一个是位于东北部的Yahoo 农场内（以下简称为Yahoo 农场油棕园）。

考察方式是到现场进行实地观测，随机抽样调查结果和果实性状等。此外，考察期间，中国热带农业科学院橡胶研究所还与瓦努阿图国家农业局签署了合作备忘录，为今后继续开展相关合作提供重要指导。

(a)

(b)

图 7-1 考察瓦努阿图 油棕引种试种园

(a)

(b)

图 7-2 查看2008年定植的油棕开花结果情况

(a)

(b)

图 7-3 查看2010年定植的油棕开花结果情况

（a）

（b）

图 7－4　与瓦努阿图 国家农业局签署合作备忘录

第一节　考察具体结果

一、WCC油棕试种园情况

油棕种植园面积2hm^2，于2008年8月初定植，667m^{2}植10株，种植品种为2005年从中国引种的油棕种子。种子2005年10月开始催芽，萌发后小育苗袋培育，2006年7月初将小袋苗移至农学院苗圃进行培育，2007年3月初苗龄已达1年左右（12片叶），2008年8月初定植到大田至今。

考察时在实地对种植的油棕进行了观测，种植园的油棕生长旺盛，正常开花结果，无病虫害等现象，从结果痕迹看，油棕已开花结果多年［图7－5、图7－6和图7－7（a）、图7－7（b）］。实地抽样30株进行调查观测，调查当时油棕长有叶片约36片/株，鲜果穗平均为11.4串/株、成熟果穗单果穗重约15 kg/串，果实饱满。但没有观测到专一性强的传粉甲虫。

若按年产果2季、果穗出油率20%计算，单位面积鲜果穗产量生产潜力可达3 420 kg/（667m^2·年），折毛棕榈油584 kg/（667m^2·年）（约10 t/ hm^2）。

此外，现场考察还发现，油棕园处于牧场内，油棕林为牛群遮阳，掉落的油棕果可为牛食，故林下有较多牛粪，可增肥油棕，故油棕种植与牧场养牛形成一个新型种养模式。

图 7 - 5　WCC油棕试种园

图 7 - 6　WCC油棕试种园开花结果情况

（a）

（b）

图 7 - 7　WCC油棕试种园的果实组分情况

二、Yahoo农场油棕园情况

Yahoo农场油棕园面积60hm^2，于2010年年底至2014年6月期间定植，亩植约10株，种植品种为2007年8月从海南、哥斯达黎加引种的油棕品种。引进的萌发种子经过催芽、育苗，苗高约2m（修剪后）时定植。

在实地对油棕种植情况进行现场考察，结果表明，油棕生长十分旺盛，大部分已开花结果，无病虫害等现象，一些植株已开花结果数年。在实地对部分植株进行抽查，调查当时平均鲜果穗数约为10串/株（最多的达30串）、成熟单果穗重约7kg/串（初果期水平），果实饱满［图7－8（a）、图7－8（b）、图7－9（a）、图7－9（b）、图7－10（a）、图7－10（b）］。从现场结果情况看，来自中国的油棕品种结果率和果实饱满度均优于来自哥斯达黎加的油棕品种；薄壳种和厚壳种油棕均能结果，但薄壳种的果实较为饱满。现场没有观测到专一性强的传粉甲虫。

若按年产果季节为2季、20%出油率计算，该园初产期单位面积鲜果穗产量达1 400kg/（667m^2·年），折毛棕榈油280kg/667m^2/年（约4.2t/hm^2）。

（a）

（b）

图 7－8　Yahoo 农场油棕园

（a）

（b）

图 7－9　Yahoo 农场油棕园的开花结果情况

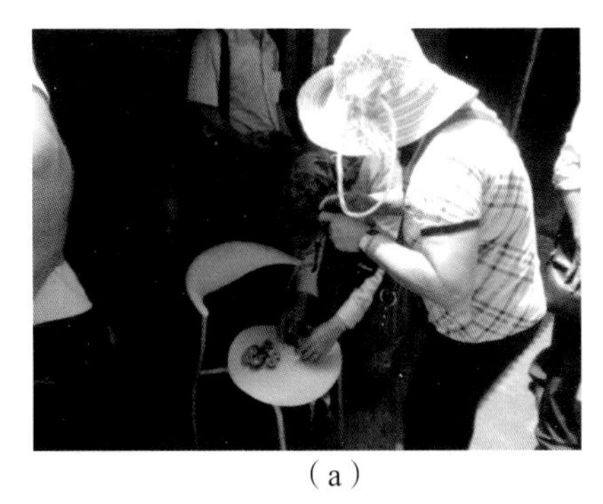

（a）

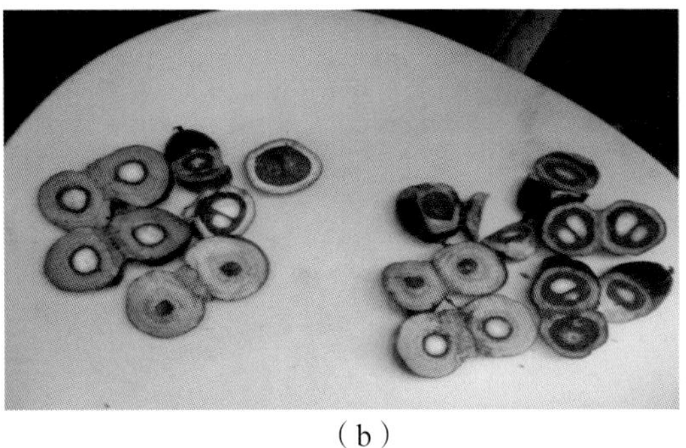

（b）

图 7 - 10 Yahoo 农场油棕园的果实组分情况

对2012年种植在Yahoo 农场内的用海南高产油棕种子（F_2代）培育的油棕苗所长成的两行油棕树的初步调查表明，尽管抚管比较粗放（作为行道树种植），但生长良好，所有植株均能正常开花结果，对其中的37株调查发现，除3株的鲜果穗数量为1 ~ 3串外，其余植株挂果平均为10.7串/株，鲜果穗重约3 kg/串（初产期），表明其有良好的生产潜力[图7-11（a）、图7-11（b）和图7-11（c）]。

（a）

（b）

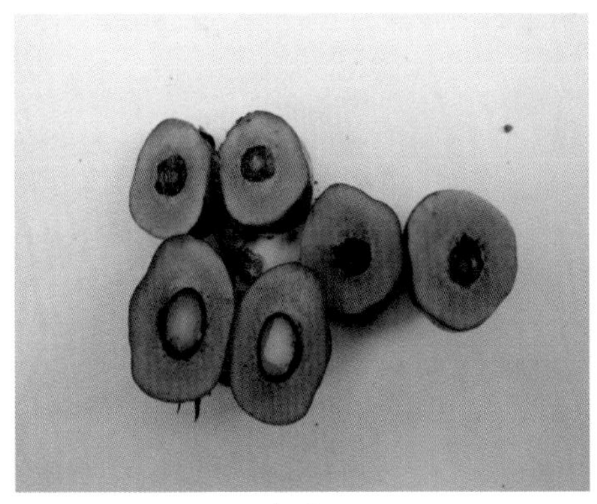

（c）

图 7 - 11 海南高产油棕F_2代种子的油棕生长情况

三、油棕园林下经济生产情况

对在Yahoo农场部分油棕园内进行的油棕园间种粮、油、蔬等经济作物试验，考察表明，在幼树油棕园内间作玉米、花生、芝麻、地瓜、旱稻等作物，间作物生产良好，可望取得好收成（图7－12、图7－13、图7－14、图7－15和图7－16）。幼树油棕园间作成功，不但可以提高油棕园土地利用率，增加产出，同时也将减少油棕园非生产期投入，并增强油棕种植项目建设的自主性。

图 7－12　间作玉米

图 7－13　间作花生

图 7－14　间作芝麻

图 7－15　间作地瓜

图7－16　间作旱稻

第二节 考察结果总结及建议

一、瓦努阿图桑托油棕生产潜力大

中国热带农业科学院橡胶研究所参与了瓦努阿图油棕种植项目前期考察、可行性研究和项目初期建设，前期考察认为该地种植油棕是可行的，随后在商务部支持开展了项目初步实施，至今已有9年。

通过本次考察，发现油棕在瓦努阿图桑托的引种适应性表现比我们预期的结果好，油棕树不但长势好、林相整齐，而且结果率高（尽管未发现专一的传粉甲虫）、果穗大，果实饱满，无病虫害，也无出现风害影响。从不同时间种植的油棕生长表现看，油棕树自植后2年均可开花结果，产量潜力大。从2008—2010 年定植的油棕树来看，单株年结果穗数量有望达15串以上、单果穗重达约15 kg/串，估计单位面积鲜果穗产量可达2 250 kg/（667m^2·年）以上，按20%出油率计算，667m^2产毛棕榈油可达450 kg/年，即6.75 t/hm^2 以上，远超出世界平均单产水平的247 kg/（667m^2·年）。

二、油棕园开展间作生产潜力大

油棕株行距较大，建立初期和结果中后期行间有大量空旷地。实地考察表明，幼树油棕园间作多种农作物是可行的，且项目所在地地势平坦，适宜于机械化生产，因此建议，可将油棕园间作作为一项常规生产活动进行，通过间作生产，增加单位面积土地产出，增加非生产期产出，可增强项目建设的自主性。

三、加强油棕种植园科学观测，为下步发展提供支撑

油棕试种表现良好，但相关生产记录和油棕种植表现观测数据缺失，难以对现有种植油棕前期表现进行评价。因此，建议要有专人负责开展油棕种植过程科学数据观测，并根据实际表现从中筛选出优良品种或优良单株，总结出配套的抚育管理技术措施，为下步发展提供物质上的和技术上的支持。

四、加强科技合作，确保可持续发展

油棕种植虽然比较粗放，但由于其生产周期长，生产过程技术含量高，且是在新环境发展新产业，可以预见在未来仍有各种可能出现的技术问题。为了解决本项目目前存在的和未来可能遇到的技术问题，建议加强科技合作。

中国热带农业科学院橡胶研究所已在油棕科研方面有深厚的积淀，曾与瓦努阿图棕榈油有限公司科技合作多年，目前，已派1名专家为贵公司提供技术服务工作。愿意在油棕引种、种苗培育、种植示范园建设以及相关技术培训等方面进一步加强合作，推进为瓦努阿图棕榈油有限公司在油棕种植事业上提供相关服务。

第八章 援瓦努阿图每月纪事

第一节　2007年3月

截至2007年3月，除项目翻译外，其他来自河北省、北京市和海南省的项目专家组7人全部到位，但工作还不能立即开展，一切得从头开始，一个月来，项目组全部人员不但亲自装卸援瓦的通过海运的集装箱农用物资和生活用品，布置住房，调试机械设备，寻找育苗苗圃地及油棕种植园地，收集了部分当地植被、气候和土壤资料，调查了风害情况，准备技术培训内容，与瓦方项目官员、当地居民和华人接触等，通过对当地的生产条件和社会情况的认识，以尽快融入当地居民和华人华侨的生活和社会中，以期对今后工作的开展有所帮助。此外，还要对前期培育苗木进行管理（除草、淋水、抗风、病虫害防控等）。在来瓦努阿图的7个成员中，李大平是项目组长，来自北京市，4个人来自河北省固安县，他们都是农机方面的技术人员，由于项目未配备翻译，因此先期到达的张希财专家承担了较多的对外协调工作，有时候曾宪海也会参与进去，但具体工作可能要等到项目顾问李建国先生过来后才会有适当的分工。由于当前首要的工作是卸载国内运来的农用物资、农机设备以及机械设备的安装调试和项目用地的协调解决等，因此，项目的工作制度还未建立起来，也缺乏长期的工作计划，工作开展过程中也缺乏相互协商和讨论，只能遇到什么问题再解决。由于项目启动不久，项目开展过程中遇到的问题也比较多，项目进展缓慢，北京来的几位同志已经有一个礼拜休息了。存在的问题主要是项目用地没有落实，工作目标和思路还不明确等，其中项目用地问题集中表现在土地所有权、水源和开垦费用之间的矛盾上。

一、苗圃用地和油棕园用地亟待解决

由于国有土地少，政府往往需要向私人租用土地使用权。虽然苗圃用地面积

相对较小，租用难度也较小，但苗圃地需要具备较高的立地条件，如土地相对平整，交通方便，水源充足，开垦难度较小等，即使具备以上条件，考虑到人员和机械都往要工地上搬的话，又存在人员办公和居住用房、机械保存以及生活用水和用电等问题。另外，由于当地表层土壤较薄，而装袋用土又较多，因此需从外地取土，而根据当地的实际情况，取土每吨是500瓦图，折合人民币约40元。因此，苗圃用地的落实还将持续一段时间后才会有眉目。油棕园用地往往地处深山老林中，地形起伏不定，交通不便，开垦费用高而木材利用率又低，不利于机械化作业以及后续产业链建设等。虽然政府可租地种植，但基于以上不利条件，瓦方即使把地租下来，开垦、定植和管理又是谁来完成呢？因此，油棕园建设还是要依靠农户的自愿性，以小家庭农场为主，并采取相对分散的种植方式。

二、苗圃用地考察

苗圃用地本来应该是瓦方负责落实完成的，但项目组成员到达后苗圃用地仍未落实，由此，寻找合适的苗圃用地是重中之重，就说租用当地Matevulu College的土地吧，之前就已经考察了很多次，说起这个地方，土地还算平整，交通也方便，地上大的植被较少，开垦力度也小，作为苗圃用地目前是最好的一块用地了，只是水源稍显不足，并且水源是当地的一个旅游点，叫蓝池，像四川九寨沟中的天池一样傍在山腰上，虽然有几个天池但容量较小，估计最大的不超过2 500m^3。Matevulu College愿意租地给项目组，但也提出了一些条件：要求项目方修路并每两个月维护1次、建学校用的饮用水设施、建垃圾处理站、免费使用项目机械设备、提供项目工作计划和进展情况、苗圃作为学校实践基地、为当地农民提供就业等。按照Matevulu College的苛刻条件，地好但不可求，租赁土地协议最终也没有签。

三、培训内容准备

技术培训主要有来自中国热带农业科学院橡胶研究所的曾宪海和张希财来完成。按照中国驻瓦使馆的要求，新苗圃没有建好并培育出苗木之前，培训可能难于举行，而现在苗圃用地还未有着落，由此，培训可能至少要拖延半年才能开展。不过，晚上还是会按照各自准备情况进行培训内容的补充和完善。

四、风害调查

按照1948年至1985年桑托岛受飓风影响的记录，总共形成了18次飓风，平均约每两年1次，个别年份1～3次，分别发生在每年的12月或翠年1—4月，风力每小时63～148 km。2007年3月27日，桑托岛迎来了本年度的第一场飓风“Becky”，风力每小时80～85 km，飓风在瓦努阿图西北部形成并向东南方向移动，因此对瓦努阿图北部的Torres 和Banks 岛影响较大，对桑托岛以及附近岛屿如Malekula、Pentecost、Ambrym的影响较小。从我们所在的桑托岛鲁干维尔市来看，此次飓风主要是阵风影响，并没有伴随大雨，风力在27日17:00左右开始逐渐加强，21:00左右以后逐渐减弱。从风害的影响情况来看，这次飓风具有一定程度的破坏性并因不同作物而异，总的来看，其受害部位主要集中在枝叶上。从28日上午的风害调查情况来看，木瓜、香蕉、野生油棕、椰子、芒果、“凤凰木”以及其他高大的木本植物均有不同程度的受害，如木瓜断叶、香蕉折干、油棕裂叶、芒果和“凤凰木”以及其他的高大乔木断枝并有少部分折干等。我们还对椰子园作了较详细的调查，对不同树龄的椰园，其伤害程度不一，老椰园（高20m以上）较重，幼龄椰园伤害较小，老椰园主要表现在从树头基部折断，部分椰树从茎干中部折断或整片叶吹断；幼龄椰园（高10m以下）主要表现在整片叶吹断，没有发现茎干折断、倒伏等现象。此次风害调查，在一定程度上验证了桑托岛种植油棕是可行的，虽然此次飓风过后野生油棕树并没有断叶、折干、倒伏现象，但裂叶现象还是有的，至于裂叶对油棕生长、产果的影响有多大目前还无法得知。在此次飓风来临之前，我们还对现有油棕苗圃中的苗木采取了适当的防风措施，风灾过后，苗木没有受到影响，一些防风措施效果很好，如对小袋苗采取集中摆放并在周围堆沙加固，对大袋苗采取加土压实等办法。

五、现有苗木处理

之前培育的苗木目前还滞留在瓦努阿图农学院旁边，有时还要进行适当的除草和淋水，苗木的情况之前国内也有所了解，且现在雨季的时间也不长了，又不能作为培训苗圃，若现在能提供给当地人种植的话是最好不过了。

六、援瓦农用物资卸载

经过多方努力，援瓦农用物资今天终于全部到位，但仍有4个集装箱还有待卸箱。不过，到位的物资中没有田间规划和定标的工具、灌溉设备、催芽设备等。总的来说，工作量是饱满的，工作开展也逐渐走向正轨。

第二节　2007年4月

主要开展了前期苗圃的管理，如病虫害调查与防治、除草、施肥、间苗，并开展了催芽设施的前期建设。

1. 调查苗圃的病虫害情况

并做出追加购买农药的建议，同时，也根据现有肥料的种类和数量，并向国内做出了追加购买镁肥和硼肥的建议（4月18日已发国内）。

2. 苗圃除草

1次，5.5d。株行间用铁铲铲除，袋边和袋内杂草用手拔除。

3. 苗圃施肥

1次，1d。施用“施大壮复合肥”水肥，2.8g/株。

4. 间苗

由原来的株距0.9m扩至1.2m，行距扩至1.0m。间苗前先平地、压地、备竹签、定标，然后重新摆苗。平地、压地各用工0.5d；备竹签200支，用工0.5d；定标0.5d/人；移苗6d。

5. 催芽房建设的规划设计

使用期限6个月左右，建设面积598.3m^2，催芽床33个，催芽数量30万粒，催芽床规格10m×1.3m，纵、横道0.5m。材料包括粗砂40m^3，竹桩（直径5～6cm）63个，竹套（直径10～11cm）63个，竹架（直径4～5cm）400m，砖块（长25cm，宽12cm，高5cm，共2970块）或竹栅（长竹栅：长10m，高15cm，厚0.5～1.0cm，共66片；短竹栅：长1.3m，高15cm，厚0.5～1.0cm，共66片）。

第三节　2007年5月

由于苗圃用地仍在落实当中，因此，本月工作任务较少，主要是考察油棕种植示范园、准备相关培训内容以及现有苗木管理等方面。

1. 考察油棕示范园

5月1日考察了华侨梁会长所属土地，总面积1.8hm^2，由4块面积为4 000 ~ 5 000m^{2}的地块组成，存在问题主要是：地块小且分散，开垦难度较大。5月28日考察了位于桑托岛东北部的两个地块，即Port－Olry的Kallen庄园（据称约1 000hm^2）和Logate的Reno Haling庄园（据称约2 500hm^2）。Kallen庄园土地面积和土地属性较模糊，地形较复杂，土层较薄，道路较差，除椰园外，其他土地的开垦价值不高。Reno Haling庄园土地较平整，但土层较薄，植被较多，开垦力度大。

2. 学习油棕知识

加强油棕种植管理理论和实践的学习，继续准备和完善技术培训内容。

3. 现有油棕苗圃管理及其他

移苗，小苗换袋，淋水，生活区围栏建设（砍桩、竖桩、拉线、拉网），此外，也参与机械设备的维护以及项目领导交代的其他任务。

4. 加强与国内的联系和沟通

根据项目技术要求，并结合当地生产条件，科学决策，实事求时地开展工作。

5. 问题与建议

（1）从目前小苗换大袋来看，每人每天平均换袋48个，工作效率低，主要是育苗袋质量较差且太大，如果继续采用这种育苗袋且不改进装土方法，将影响项目进度和质量，增加生产成本。建议对现有的小、大袋进行更换或在当地重新购买，育苗袋规格以30 cm × 40 cm为宜。

（2）受物资条件和人员的限制，随着项目工作的逐步推进，开垦能力有限、人员不足与项目进度缓慢之间的矛盾今后将突现出来。建议更换育苗袋、选择土层较深厚的苗圃地（直接从田间取土装袋）、选择开垦力度小的次生林地（树茎15c m左右）或老椰园（在后面的育苗生产实践中发现，在椰子园内或附近建油棕苗圃是不理想的，容易造成病虫害的相互侵染。但当时受用地限制，选择老椰园附近的土地建油棕苗圃也是实属无奈之举）进行开垦、择时招聘当地人员等。

（3）技术培训应以集中培训为主，结合科技入户培训。

（4）催芽床建设方案制定。

①育种数量：40万粒左右。

②催芽床数：39个（9.5m × 1.3m × 0.15m）。

③建设材料：木桩72根（高2.3m、直径8～10cm，材质硬、直）、木板608m（厚2cm、宽15cm、长度不等）或砖块3 370块（可定做，长25cm × 宽12cm × 高5cm）、粗砂40m^{3}以及数量不等的铁丝、铁钉、遮阴网、防鼠网等。由于当地竹子材质薄软，考虑到催芽时间可能较长和常风较大的影响，催芽床宜采用木料（木板）为好。

④建设步骤：包括定标、锯桩、做催芽床、拉砂、放砂、做遮阴荫架、拉遮阴网、做防鼠网。

第四节　2007年6月

主要围绕苗圃育苗和油棕园建设用地的选址、苗圃田间管理、苗圃病虫害追踪调查、技术培训内容完善等几个方面开展工作的。

1. 考察并初步选定油棕苗圃和油棕园建设用地

于6月2日、4日、5日、6日和27日考察了9个地方，分别是Solway、Butmas、Tunumbokar、Tulenbo、Fabon、VARTC、Malo岛以及Vanafo地区的Russell农场和华侨阿文私人土地。综合以前考察土地的结果，中瓦双方初步选定了比较理想的油棕苗圃和油棕园建设用地，但需要待瓦方经费批准后才能实施。从瓦方财政、土地和农业部长来桑托岛考察项目实施情况来看，瓦方关注和重视本项目开展过程中出现的问题和困难，优先解决68hm^{2}苗圃用地，逐步落实5 000hm^{2}油棕园用地。

2. 现有苗圃田间管理

病虫害防治、除草、施肥、换袋和填土。

3. 病虫害调查

追踪调查苗圃病虫害情况，以摸清病虫害的危害程度、病虫害种类、危害时间等。

4. 技术培训内容准备

继续完善技术培训内容，择机在农村向当地农民宣传油棕项目，解答农民提出的技术问题。

5. 催芽床建设

完成了39个催芽床的定标工作。

6. 提交工作小结

包括油棕种子来瓦预备方案、苗圃和油棕园用地考察结果，瓦方财政、土地和农业部长来桑托考察的纪要、灌溉系统（管道）建设方案、工作日志、Mg肥和B肥的购买等。

7.其他

在驻地附近备菜地3 243m^2（5亩）左右，种植玉米、黄豆、花生；买黄牛一头，作为项目组主要肉类来源。

第五节　2007年8月

本月技术工作主要集中在来瓦油棕种子处理、催芽床建设、播种以及小苗苗圃地的备地等方面。

1. 来瓦油棕种子处理

按不同种子标号分开浸泡，浸泡前先用清水清洗，以后每天换水1～2次，浸泡时间6～10d。

2. 催芽床建设

平地、固桩，拉沙、筛沙、填沙、洗沙，备木板，做催芽床72（长5.0m，宽1.25m，高12cm，厚2.5cm）。由于时间不允许，播种前没有对河沙进行消毒和晾晒处理，在筛沙后即填床并用水进行了简单的淋洗。填沙后拉遮阴网。

3. 播种

来瓦种子统一浸泡6d后，分批播种。约16万种子于8日开始播种，11日上午播种完毕，在此播种期间，计划播种的种子继续换水浸泡。未计划播种的种子约14万粒，于9日上午自然晾干、包装、贮存，贮存时间为3～4d后，分别于12日和13日上午进行分批浸种，并于15日和16日进行播种。另外，应项目顾问李建国先生要求，留约3 000粒种子供催芽试验（河沙、松土、海滩沙），并于8月22日播种，播种要求：间距3cm×4cm（发芽孔方向），盖沙2cm，播种后标示各个品种位置图，并即刻淋水，以后视沙床湿度淋水。

另外，前面播种的种子有部分已经发芽。

4. 催芽管理

淋水及清理催芽床之间的杂物、石块等。周边挖排水沟。

5. 前期苗圃（小苗苗圃）建设

前期苗圃规划方案提交讨论、清萌、推地、平地、挖排水沟、放涵洞、备桩签760个、木桩200个、备土280t、定标、做边桩（铁管）16个等。前期苗圃苗床设计：圃内主道宽4～4.5m，苗床长10m、宽1.2m，床间距0.7m。

（1）育苗床宽1.2m、长10m或稍长

育苗床除边床外，其他床按双行排列方式设计，双床间为步行道0.5m，双床与双床间为手推车道0.7m。

（2）育苗床横道为0.7m。

（3）育苗床4个边角分别设置木签。

（4）标记黑点为竖桩位置，在横道方向上3.6m一桩，在纵道方向上5m一桩。

（5）每床育苗数量。按照中方育苗袋规格，在宽边摆8个袋，在长边摆66个袋，每床育苗528个袋。

（6）育苗床数量及面积（不含主道所占面积）。每床育苗面积为17.12m^2，育苗528株，则10万株苗木需要190个床，需要育苗面积为3334m^2（5亩）。

6. 其他。

对瓦努阿图农学院苗圃内的油棕苗木进行施肥（10 g/株复合肥）和除草。

7. 存在问题

（1）河沙问题。细、脏，含泥多，淋水后沙太紧实，恐不利于种子发芽。

（2）种子浸泡问题。部分种子浸泡时间较长。

（3）前期苗圃地。黏性大、排水不好，现地块为废旧石料场，表层为土石硬实，不易平整和定标。

（4）袋土。非椰园土，具有一定的黏性，但经过反复的雨水和干旱后，土壤变得疏松透水透气，但干旱时土壤收缩厉害且硬。

（5）土地问题。至今未落实，主要是瓦方没有配套资金，瓦方申请延期2年但中方不同意，目前用地都在华侨黄志诚农场，估计靠河流地块可提供培育25万左右的小苗用地，不靠河流的地方也有已开垦的平地，其开垦力度较小，表土也好，主要问题是离河流较远。目前，中瓦双方初步确定了苗圃地块位置和面积，从技术角度考虑，此块用地地势平坦但开垦力度仍然大，有椰林，表土黏性大、排水不良，既难于在上面进行机械化操作也不利于以后就地取土装袋。

（6）人员条件不足。瓦方在资金和人力等方面有困难，所以，很多本应由瓦方承担的工作只能靠我们项目成员来完成，在工作任务紧迫时才由华侨黄先生雇临时工来做。根据华侨黄先生的经验及做法，在用工方面千万不能找本地人（桑托岛上的人），一是本地人做事懒散且经常闹事，二是本地人经常拿劳动法来要挟人，所以，黄先生农场里的工人没有一个是本地人。我们现在用临时工都是通过黄先生农场的经理来找，由于以上原因，农场经理最多只能找20个比较可靠的工人来干工，这些工人全部来自其农场职工的家属、好朋友或亲戚，而且大部分都是计件工如播种、装袋、打桩、竖桩等（在苗圃日常管理中也按天计算），目的是规避当地的劳动保护法，这对以后苗圃工作进度有很大的影响。

（7）来瓦种子签收。在播种时进行了种子数量统计，播种后提出种子接收确认书或海关商检证明。

（8）有鼠害，投放鼠药后效果不好，是否可考虑设置防鼠网。

（9）存在资金、技术、人员之间的矛盾，即节约资金和材料与技术规范和多快好省之间的矛盾。

第六节　2007年9月

本月工作取得了一定的实质性的进展，部分种子已发芽，前期苗圃初步建成，并取得了一定的生产实践经验。

1. 催芽床管理

（1）淋水。根据当地的雨水条件和沙床湿润情况，适时淋水，原则上每天淋水1次。

（2）拔草。每两周拔草1次。

（3）其他。在暴雨天气期间，检查催芽床、道路和苗圃周边的排水系统，对出水口用挖掘机进行清理，对苗圃内的小排水沟用人工进行清理。对因暴雨造成催芽床的冲刷，及时进行维护和填沙，对冲落的种子重新播种，对外露的种子进行重新盖沙。

（4）种子发芽、移苗。9月5日，发现有种子发芽，有4万粒左右。由于劳动力紧张以及遮阳网未建成，发芽种子和小苗至今还未移种到小袋中，只能继续留在沙床中生长，不过，按照目前阴雨天气比较多的情况，即使未建成遮阳网，移苗也是可以。

（5）不同培养基质的发芽试验。从3种培养基质的发芽结果看，均有种子发芽，从目前来看，河沙较好，其次是表土，再次是远离海滩的“海沙”。

2. 前期苗圃建设

（1）育苗床定标。193个育苗床，育苗面积3334m^2（5亩）左右，拟育苗10万株。

（2）备土、拉土。袋土为非椰园表土，先用推土机或刮平机推掉或刮掉地表杂草，为便于装袋，在拉土前对表土进行多次翻耙并堆放成堆，然后由装载机装土，自卸卡车拉土，共拉土120 m^{3}左右。由于雨水较多，备土和拉土时有影响。

（3）锯桩、竖桩。锯木桩200根，长2.5m，直径15cm左右。已完成竖桩1 000 m^2，埋桩50cm，露桩2m。

（4）装袋。从9月4日开始装袋，至今已完成装袋6万个左右。装袋主要要求：袋土不能含有石头、大土块和杂物；装袋要紧实、平口；摆袋平整。

3. 机械车辆保养

主要是对机械车辆进行维修以及更换机油、液压油和添加润滑油等。

4. 存在问题

（1）劳动力紧缺、劳动力价格高。苗圃建设需要大量的用工，如移苗、装袋、搭遮阴网以及苗圃建成后的田间管理，而项目组成员人员有限并只能集中在技术指导、技术培训以及备土、备地、灌溉系统建设和机械设备维护等方面，因此，单靠项目组人员是不可能完成的，适当时候需要大量的临时用工。目前，劳动力紧缺的问题逐渐突现出来，本岛工人较多但不敢用，外岛工人可用但较少。为了规避当地劳动法，用工主要用在承包或计件工作上，由于都是临时用工，劳动力价格比国内要高很多。

（2）灌溉设施不完善。目前国内发来的灌溉设备（10.16cm软带加喷管、喷头）还未启用，但若苗圃面积稍大则恐难应付，到时只能由人工来浇灌。

第七节 2007年10月

本月主要以催芽床淋水、移种苗、备地和装袋工作为主，目前已完成备地3334m^2（5亩）、装袋12万个、移种苗3万株，但存在浇灌能力不足的问题。

1.催芽床淋水

根据当地的雨水条件和沙床湿润情况，适时淋水，原则上每天淋水1次。

2.移种苗

从催芽床中移苗到小育苗袋中按照以下几个操作程序：移苗（1～2片叶）、选苗、洗苗、分苗、送苗、种苗、淋定根水，在操作过程中关键把握好种前淋水润土、种植深度、压土固根及淋足定根水。

（1）移苗。在移苗前先对沙床进行淋水，以利移苗。对比较疏松的沙床，可直接拔苗；而对比较紧实的沙床，可采取先握住苗茎基部，用手指或小木棍挖深至根部，上拔下挖，挖出苗后把泥沙抖落，放到塑料盆中。移苗后外露种子需要重播。移苗后淋水。

（2）选苗。剔除白化苗、茎或叶扭曲苗、窄叶（草叶）苗等不正常苗。从选苗结果来看，各品种均有白化苗现象并因品种而异，如热油6号达5万～6株/万株；不正常苗中以茎/叶扭曲苗为多，比例可达1‰～2‰，而窄叶（草叶）苗达0.2‰～0.3‰。

（3）洗苗、分苗、送苗。把拔出的苗的根部泥沙洗掉后分置在装有水的塑料盆中，然后送至种苗者手中，每次每人种植苗数不超过50株。

（4）种苗。苗根短可全根入土，但根长时尽量避免不伤根定植。主要要求：① 压土固根需从下部至上部分层压实，不能只压土表；② 种植深度至叶鞘下，太深影响小苗生长，太浅则易因淋水、下雨而露根、倒苗。

（5）种植前后淋水。种前淋水以使土壤疏松并易挖洞；种后淋足定根水，在灌溉条件不足的情况下，用水管淋定根水需要在苗袋上停留比较长的时间，这在时间上不允许，因此采取用杯等容器先淋定根水（200ml左右），再对叶面和苗袋进行淋洒。

（6）植后调查

① 种植5d后检查小苗干枯情况及可能因此引起的相关病害发生情况，以检验种植效果，并对干枯株进行补换。从抽查结果来看，植后小苗干枯率小于万分之四；② 检查是否还有不正常苗入袋。若有，则需补换。

3.备地

除了之前备地3334m^2（5亩）左右（可供培育12万株苗木）外，根据现有的土地资源情况再备地3334m^2（5亩）左右，可满足催芽床发芽种子和最近可能来瓦种子11万粒的苗圃面积需求。备地要求主要是：① 做好道路、排水、灌溉系统的规划以及根据地形设置不同的断面；② 对苗圃用地清萌、平整；③ 苗圃地田间设计同以前（含定标、遮阳棚等）。

4.装袋

到目前为止，已完成装袋12万个左右。装袋时尽量避免不用湿土，这需要对袋土进行适当的遮盖，同时可避免土壤养分流失。

5.存在问题

主要是人工浇灌能力不足，有待改善条件。

第八节　2007年11月

1个月来，根据援瓦技术要求，结合当地的生产条件、现有的物质和人员条件开展工作，并以催芽床管理、移苗或播种、备土、拉土、装袋、苗圃管理为主要工作内容，目前已完成备土300m^2，拉土180m^2，装袋7万个、移种苗3.5万株、除草1次。

1.催芽床管理

（1）淋水。根据当地的雨水条件和沙床湿润情况，适时淋水，原则上隔天淋水1次。

（2）重播。对因移苗或暴雨导致的外露种子进行盖沙或重播。

（3）遮阳棚维护。对松开的遮阳网重新系紧。

2.移种苗/播种

在阴雨天移种苗，移种苗3.5万株左右。

3.备土、拉土

备土300m^3，拉土180m^3。

4.装袋

完成装袋7万个左右。主要是雨天比较多。

5.苗圃管理

（1）根据当地雨水条件和袋土湿润情况，适时淋水，原则上隔天淋水1次。

（2）人工除草1次。

6.需要解决的问题

（1）主要是人工浇灌能力不足，有待改善条件。

（2）落实大袋苗圃用地。

第九节　2007年12月

本月工作内容与上1个月基本相同。本月拉土80m^2，装袋6.3万个、移种苗3万株、播种5万粒、除草1次、农学院苗圃施肥1次。

1.催芽床管理

（1）淋水。根据当地的雨水条件和沙床湿润情况，适时淋水，原则上隔天淋水一次。

（2）重播。对因移苗或暴雨导致的外露种子进行盖沙或重播。

（3）遮阳棚维护。对松开的遮阳网重新系紧。

（4）除草。移种苗时除草，15d/次。

2.移种苗或播种

在阴雨天移种苗，移种苗3.0万株左右。

3.拉土

拉土80m^3。

4.装袋

完成装袋6.3万个左右，至此完成了26万个育苗袋的装土工作。

5.苗圃管理

（1）根据当地的雨水条件和袋土湿润情况，适时淋水，原则上隔天淋水一次。

（2）人工除草1次。

6.搭建遮阳棚

搭建遮阳棚2 000m^2（3亩）。规格：3.8m × 5m，高2m，每2个床1个桩。

7.需要解决的问题

（1）主要是人工浇灌能力不足，有待改善条件。

（2）落实大袋苗圃用地。

第十节　2008年1月

本月以备地、道路和遮阳棚维护、苗圃管理、移苗为主要工作内容。

1.催芽床管理

（1）淋水。根据当地的雨水条件和沙床湿润情况，适时淋水，原则上隔天淋水1次。

（2）重播。对因移苗或暴雨导致的外露种子进行盖沙或重播。

（3）遮阳棚维护。原有的遮阳网因使用时间过长以及台风的影响，加上仍有部分种子萌发，因此需要重新拉网。

（4）除草。移种苗时除草，15天/次。

2.移种苗/播种

移种苗7 000株左右，移后连续淋水2 ~ 3d。

3.备地

在河边备小袋苗圃用地3.73hm^2（56亩）。

4.道路维护

对通往苗圃的道路进行维护（排水、填高、压实等）。

5.苗圃管理

（1）根据当地的雨水条件和袋土湿润情况，适时淋水，原则上隔天淋水1次。

（2）除草。人工除草1次。

（3）遮阳棚维护。对培育成较大苗木的苗圃内的遮阳网清除后，重新拉网，但只保留一层遮阳网。由于苗木已达移栽换大袋的苗龄，但在大袋苗圃用地仍未备好以及育苗袋质量差的条件下，在灌溉条件和雨水不足的条件下，保留一层遮阳网是有必要的。

6.需要解决的问题

（1）主要是人工浇灌能力不足，有待改善条件。

（2）落实中袋、大袋苗圃用地并尽快移栽。

第十一节 2008年2月

1个月来，主要以备地、苗圃管理、车辆维护为主要工作内容。

1.苗圃管理

（1）淋水。根据当地的雨水条件和袋土湿润情况，适时淋水。

（2）除草。保持苗圃及其周边无草害。

（3）遮阳棚维护。对棚桩和遮阳网进行维护。

（4）病害防治。对发病株进行剪叶或移出处理。

2.催芽及移种苗

移种苗2 000株左右。海南第一批种子催芽期达7个月（2007年8月至2008年2月），出苗率明显降低。对催芽床进行清理并接收新一批种子。

3.备地

备大袋苗圃用地1.67hm^2（25亩）左右。

4.车辆维护

对项目机械车辆进行全面维护，主要是各种油料的添加和更换。

第十二节 2008年3月

1个月来，根据援瓦技术要求，结合当地的生产条件以及现有的物质和人员条件开展工作，并以备地、备土、苗圃管理，建设新的催芽床、移栽小袋为主要工作内容。

1.备地、备土

备地工作包括清萌（推草成堆后拉走）、平地（水平或斜平，以不长期积水为准）、犁地（土壤硬实时先用圆盘犁进行犁耕，然后再用旋耕机刨1～2次即可）、刨地（土壤松软时用旋耕机直接刨2次即可）。

（1）大袋苗圃地。备中袋苗圃用地1.33hm^2（20亩）左右。目前，华侨黄先生提供的牧场地已基本备完，今后需要落实更多的苗圃用地。大袋苗圃以就地取土为原则，对地表树根或石块多的地块，采用另地取土装袋。

（2）小袋苗圃地。为了满足海南第二批种子发芽后移苗需要，备地0.27hm^2（4亩）左右，之后仍需要备地0.33～0.4hm^2（5～6亩）。目前已备好装袋所用表土。

2.苗圃管理

（1）淋水。根据当地的雨水条件和袋土湿润情况，适时淋水。

（2）除草。保持苗圃及其周边无草害。

（3）遮阳棚维护。对遮阳棚固定桩和遮阳网进行维护。

（4）病害防治。3月17日再次出现感染油棕叶疫病的植株，发病株达140株，经过对发病株进行移出、剪叶、再剪叶处理后，没有发生死苗现象。

3.新建催芽床

拟建40个催芽床（木板床，规格为10m×1.2m×0.15m），目前已完成29个，因木片锯出现问题，仍有待数日才能全部完成。

拟建的40个催芽床均采用表土作为催芽基质，目前已完成放土29个床。

新催芽床利用：主要用于播种海南第一批种子中仍留在沙床内的约16万种子，而海南第二批种子将主要播种在以河沙为基质的催芽床中，并部分播种在土壤基质中进行催芽。

4.催芽及移种苗

移栽小袋苗9 000株左右，平均每15～20d移栽2 000～3 000株。目前，出苗株数达13万株。

5.需要解决的问题

（1）落实解决大袋苗圃用地。目前已经基本完成了3.33hm^2（50亩）大袋苗圃的备地工作，可育大袋苗4万株。因此，未来需要落实更多的大袋苗圃用地。

（2）改善苗圃灌溉条件。目前，小袋苗圃灌溉主要靠抽水至水罐，然后通过接管人工持管淋水，而对于面积较大的大袋苗圃，由于灌溉条件和设施不足，很难满足移栽换大袋后的水分需求，这也是影响落实大袋苗圃用地的一个主要限制因子。

（3）苗木过大，需要移种或换大袋。目前培育出的部分苗木达7个月，叶片数达9～10片，株高达50～60 cm，基本达到移种大田的苗木生长要求，对于此部分苗木是否需要换大袋、还是直接移种大田、抑或留待原地，还有待中方领导决定。另外，来自巴布亚新几内亚的5万株苗木苗龄也达3个多月，叶片数3～4片，也需要尽快换大袋。

第十三节 2008年4—6月

目前工作的重点仍是种苗培育工作。由于瓦方未履行按“换文”明确的由瓦方提供68 hm^{2}苗圃用地及将水电接至苗圃的工作，2008年4～6月，中方不得不继续在当地华侨农场（华侨黄志诚农场）内建设油棕种苗苗圃，以使项目能够得以实施。

（1）在完成8hm^{2}土地开垦、平整的基础上，完成了5万个大育苗袋的选土、备土和装袋工作，完成了大育苗袋苗圃灌溉设施建设，完成了5万株小育苗袋培育的油棕种苗的移栽大袋工作。

（2）除完成了800m^{2}油棕种子催芽沙床及遮阴网建设外，对原建的油棕种子催芽沙床进行了翻修，重新更换立柱、搭建遮阴网，以加快种子催芽进度。

（3）继续做好已建苗圃的日常田间管理工作。由于受用地条件限制，小苗不能顺利移栽大袋，田间管理困难。除进行淋水、除草和病虫害防控工作外，对发生病害的种苗进行了隔离，避免病害的蔓延。

（4）项目组设法克服农用机械零配件短缺的困难，按时进行车辆的日常保养、维护，项目车辆、设备的完好率为 100%。

（5）存在的问题。2008年是油棕项目执行的最后1年也是最关键的1年，存在不确定因素和问题还有很多，主要是有以下3方面。

①敦促瓦方解决“换文”规定的68hm^{2}苗圃用地问题是顺利完成项目任务的当务之急。在中国驻瓦努阿图使馆和中方项目承担单位的努力下，已得到了瓦努阿图政府的口头承诺，但有待最终落实。随着培育油棕种苗的生长，几十万株种苗陆续进入移栽换大袋的时期，需要更大面积的苗圃。但目前华侨农场内能利用的苗圃用地较小，无法满足小苗换大袋的需要，种苗不能全部进行移栽换袋，使得油棕种苗的管理工作量加大，种苗病虫害防治非常困难。利用当地华侨私人农场的土地来建设苗圃，是在等待瓦努阿图政府提供苗圃用地无望，解燃眉之急的权宜之计。

②油棕种植技术的培训工作，由于瓦方不能落实培训所需资金，尚不能全面铺开。只能结合我们自建苗圃的工作进度和内容进行部分技术培训。

③建议中国驻瓦努阿图使馆继续督促瓦努阿图政府全面履行“换文”义务，尽快落实苗圃用地、培训人员经费等，以便项目能够得以顺利开展。

第十四节　2008年7—9月

7—9月，项目工作主要集中在油棕种子催芽、移栽，苗圃田间管理，大田苗木定植以及技术培训等。

1.种子催芽

对来自哥斯达黎的经加热处理的油棕种子继续进行室内催芽、播种，并于2008年8月8日将仍未发芽的种子播种至催芽床。种子发芽率因品种而异，平均为74.3%（表8-1）。

表8-1 哥斯达黎加热处理种子发芽率情况（截至8月8日）

第一批（2008年4月29日）					第二批（2008年5月15日）				
	D×C		G×C			D×N		D×G	
播种日期	发芽数（粒）	发芽率（%）	发芽数（粒）	发芽率（%）	播种日期	发芽数（粒）	发芽率（%）	发芽数（粒）	发芽率（%）
2008年5月30日至8月8日	7 032	85.2	5 722	69.7	6月16日至8月8日	2 592	94.3	1 312	47.7
平均发芽率（%）：74.3%									

2.小苗移栽至大袋

将来自巴布亚新几内亚的双株（双胚）种苗分株后移种到育苗塑料大袋中。

3.苗圃田间管理

（1）病虫害防治。病虫害主要发生在大苗圃，其中虫害以防治金龟子（5—9月，叶面喷施“敌百虫”，土壤埋施“线净”）为主；病害以防治叶枯病（剪叶，叶面喷施“炭疽福美”）为主。

（2）淋水。今年雨水较少，旱期比较长，因此4—5d无雨后，组织人员对小苗圃和大苗苗圃内的苗木进行人工浇水。

（3）除草。保持苗圃内及其周边无草。苗圃内用人工拔除，苗圃周边2 m左右用除草剂喷施。由于苗圃杂草生长快，又因人力有限，故苗圃特别是大苗圃草害比较严重。

（4）小苗圃遮阴棚维护。每3个月左右换网、换桩、拉紧固桩线、铺设新的遮阴网。

（5）苗圃周边围栏维护。每1-2周检查和维护苗圃周边围栏的维护情况，但仍有因农场工作人员没有关门而导致牛进苗圃为害苗木的现象。截至目前，已发生了4次牛害。

（6）海南种苗出现的问题。由于部分较早培育的海南种苗因育苗用地不足，从而无法移至大育苗袋，只能继续在小袋进行培育，随着苗木的生长，苗木间距过密，施肥也无法进行（无叶面肥），造成部分苗木开始出现黄化现象，同时也存在不同程度的鼠害。

4.大田定植

将瓦努阿图农学院苗圃内的部分大苗移栽至大田（位于华侨黄志诚农场内），移栽数量230株，移栽面积1.5 hm^{2}左右，其中以5株海南种苗和6株巴布亚新几内亚种苗作对照。

5.技术培训　（略）

第十五节　2008年10月

2008年10月，苗圃育苗技术工作主要集中在：病虫害防控、除草、施肥、防牛栏维护等。

1.病虫害防控

虫害主要防治金龟子，喷施杀虫剂2次；病害主要防治油棕苗疫病，喷施杀菌剂2次。目前虫害较轻，但病害因近期连续阴雨天而时有爆发。

2.除草

保持中袋苗圃和小袋苗圃及其周边无草害，目前苗圃周边均喷施除草剂，但苗圃内仍由用人工拔草，约166.7m^2/（人·d）；油棕园砍草1次。

3.施肥

中袋苗圃施肥1次，3g/株，施肥5万株；油棕园施肥1次，250g/株。

4.防牛栏维护

对中袋苗圃和小袋苗圃周边的防牛栏进行全面更新维护，项目组成员也参加值班巡查。

5.遮阳网维护

将海南种苗育苗棚遮阳网去除，将催芽床遮阳网更换，以备新来油棕种子催芽。

第十六节 2008年11—12月

1. 苗圃工作

主要集中在除草、防病虫害、来瓦种子催芽等。海南第三批油棕种子10万粒于11月16日（星期天）到达桑托，18日从海关取出，20日进行浸泡处理，并计划于24日播种于催芽沙床。具体种子数量为热油4号2.8万粒（7箱，40包/箱，100粒/包），热油6号4.4万粒（11箱，40包/箱，100粒/包），热油7号2.8万粒（7箱，40包/箱，100粒/包）。

2. 组织人员完成任务

对育苗圃进行彻底除草、遮阳网更换等以迎接项目验收。

有关援瓦努阿图油棕种植技术项目彩色照片

一、领导关怀

时任瓦努阿图 农业部部长史蒂文·卡尔萨考检查项目

时任驻瓦使馆经商处领导检查项目

时任驻瓦使馆经商处领导检查项目

二、项目组成员

项目组全家福

项目组组长李大平（北京）

项目组专家曾宪海（海南）

项目组翻译曲博（北京）

项目组专家张希财（海南）

项目组专家郭双月（河北）

项目组专家杜永全（河北）

项目组专家郭振海（河北）

项目组专家王建坡（河北）

项目组专家李建勋（北京）

项目组专家李冉（北京）

三、项目国际友人

瓦努阿图 林业局局长利沃（左）

瓦努阿图 桑马省林业局局长迪克（左）

华侨黄志诚先生（右二）

华侨梁夫人（右三）及其丈夫（右二）

参考文献

[1] 顾闽峰, 郭军, 王凯, 等. 耐热型大白菜在瓦努阿图的品种比较试验[J]. 江苏农业科学, 2008 (6): 175-176, 178

[2] J Koebernik. Germination of palm seed[J]. Principles (J. palm Soc.). 1971 (15): 134-137

[3] RHV Corley and PB Tinker. The Oil Palm, Fourth Edition[M]. England: Blackwell Science Ltd. 2003.